衝吧！

突破薪水天花板

莎拉・艾莉絲 Sarah Ellis
海倫・塔柏 Helen Tupper 著

謝明珊——譯

U0079803

You Coach You

How to Overcome Challenges at Work and Take Control of Your Career

《衝吧！突破薪水天花板》
獲得一致盛讚

「這本書超棒！提供工具、觀念和靈感，一路上陪著讀者，把握職涯的機會，迎接任何新挑戰。如果你想要先發制人、掌握職涯先機，這本書非讀不可。」

——林達·葛瑞騰（Lynda Gratton）教授，
著有暢銷書《100 歲的人生戰略》（*The 100-Year Life*）

「這是對職涯最有用，最有意義的一本書，海倫和莎拉的職涯發展工作，做得比誰都好！」

——布魯斯·戴斯利（Bruce Daisley），著有《工作的樂趣》（*Joy of Work*）

「無論你是社會新鮮人或是職場老鳥，看了這本書都會獲益良多。莎拉和海倫的直覺很準，總是能看出職涯的問題所在。如果你想找一本書，幫助你發現潛能，並且以務實幽默的態度，度

過職場難關，這本書絕對是首選。」

——坎雅・金勳爵（Kanya King CBE），娛樂文化公司 MOBO 創辦人

「我就是愛這本書，分享了大量的工具，讓大家都可以成為自己的職涯導師。一切的改變，唯有從自己出發，在自己身上看見真正的價值。」

——瑪麗・波塔斯（Mary Portas），創意機構 Portas 創辦人兼執行創意總監

「這個世界不乏職涯建議，但莎拉和海倫的建議很了不起，可以幫助大家回歸自我人生的中心。她們提供的方法，確實會給人力量，令人安心。」

——艾瑪・甘儂（Emma Gannon），
著有《不上班賺更多》（*The Multi-Hyphen Method*）

「一生中總會有需要這本書的時候。當你面對逆境，這本書會拉你一把，讓你從工作之中，找到你應得的樂趣。」

——荷莉・塔克（Holly Tucker），線上交易平台 notonthehighstreet 創辦人

「《衝吧！突破薪水天花板》教會我一件事，大多數人有信心不足的問題，只要透過自我鍛鍊，就可以跳脫這種定型心態。如果你覺得 IG 勵志小語不夠看，我強烈建議你閱讀這本書，絕對會拓展思維視野。」

——愛蓮娜・威爾森（Eleanor Wilson），Netflix 社群經理

「《衝吧！突破薪水天花板》給大家一個機會，把焦點拉回自己身上，全心全意發揮自己的潛能。讀了第一遍，你會更貼近真正的自己，讀了第二遍，你會在迂迴而上的職涯屢創佳績，發揮最大潛能！」

——艾美‧布蘭（Amy Brann），神經科學家，
潛能開發公司 Synaptic Potential 創辦人

「看了《衝吧！突破薪水天花板》，你會揪出職涯的絆腳石，實現你應得的目標。這會改變你的一生！」

——葛蕾絲‧洛登（Grace Lordan），著有《大局思維》（*Think Big*）

「莎拉和海倫開門見山，只建議讀者做最要緊的事，進而在迂迴而上的職涯，大鳴大放！天助自助者，自己主動找路，不要傻傻等別人相助。」

——莫‧加多（Mo Gawdat），播客節目《Slo Mo》主持人，
著有《為快樂而戰》（*Solve for Happy*）

「莎拉和海倫的最新力作，果然又是一本實用的職涯書，知識含金量高，富有智慧和實用建議，讓每個人成為職涯發展的主人。」

——齊拉‧斯諾貝爾勳爵（Dame Cilla Snowball）

致讀者：

謝謝你願意撥冗跟我們一起學習，

無論你在職涯需要什麼支持，

由衷希望這本書可以幫到你。

目錄 Contents

CH.2 韌性

評估你目前的韌性程度。如何透過每天的練習，提升自我的韌性儲備呢？如果事情沒有照著計畫走，如何化逆境為行動力呢？

CH.3 時間

如何掌握自己的時間，提升工作品質呢？擺脫瞎忙的生活，巧妙搭配工作和生活。

CH.4 自信

如何建立自我信念呢？學會迎擊阻礙，培養自信，跨越舒適圈，踏入勇氣圈！

CH.5 關係

你目前的工作需要哪些人脈呢？該如何壯大你的職涯社群呢？學會修復人際的摩擦，修補難搞的關係。

CH.6 發展

對你而言，什麼是發展？探索各種發展前景，尋求實現之道。

CH.7 使命

什麼會給你事業的方向感呢？學會從目前這份工作，創造最大的工作意義。

CH.8 來自四面八方的建議

各行各業的佼佼者，包括奧運選手、社會運動家、設計師、老師等，大方分享最棒的職涯建議，讓大家一起學習。

CH.9 是終點，也是起點

職涯是大家正在經歷的過程，沒有所謂的「終點」，記住了，把心力放在掌握得了的事情上：你自己！

前言

當自己的職涯教練

你的職涯

　　一路工作到現在，你會如何描述自己的職涯呢？往年我們舉辦職涯發展工作坊時，總會反覆聽到幾個常見的答案，包括「變動」、「不確定」、「快爆炸」、「忙翻了」。職涯錯綜複雜，有很多事情是我們不明白、也控制不了的。職涯階梯這個詞

> 安排待辦事項時，應該更努力一點，把自己列在優先順位。
> ——蜜雪兒·歐巴馬（Michelle Obama）

有百年歷史，意味著職涯發展可以預測，有前人的足跡可以參考，但是這種觀念早就過時了。把職涯比喻成階梯，並不符合目前職場趨勢或個人志向。現在是「迂迴而上的職涯」，搞不好你自己的職涯，就有一點迂迴了，比如你換過產業或職位，或者從上班族轉為自由接案或自行創業。迂迴而上的職涯，給大家機會去探索各種可能性，重新定義成功，做自己真正在乎的工作。可是，迂迴而上的職涯並不容易喔，有太多的未知，搞得我們無所

適從，失去控制。世上並沒有職涯教戰手冊，難免有迷失的時候，不知該從何下手，所以才要靠別人幫忙，刺激思考。

成為自己的職涯教練，戰勝迂迴而上的職涯。

有時候，工作何止是迂迴而已，簡直可說是錯綜複雜、蜷縮成一團。自我教練可以幫你解套，原本想不通的未來，頓時有機會可以探索。當自己的職涯教練，你會成為職涯的主人，你是那麼的獨特和優秀，你為自己設計的職涯，當然也是獨一無二、光明璀璨。只不過，我們這幾年擔任職涯教練時，老是碰到「兩難的處境」。

兩難的處境

如果你對職涯發展感興趣，想必有耳聞自我教練的好處，得知這套方法可在職場過五關斬六將。說不定你還是少數的幸運兒，曾經請過職涯教練，親身體驗有教練的好處。我們姑且假設，每一位讀者都期待跟職涯教練晤談，市面上也有充足的職涯教練，可是對一般人來說，請教練的成本太高了。《哈佛商業評論》（*Harvard Business Review*）研究指出，美國市面上的職涯教練，平均每小時費用要 500 美元（約台幣 15,000 元），一般人在職業生涯中，很少或從未有機會接受職涯教練的指導[1]。

職涯教練普及化

2013 年我們創立優職（Amazing If），公司使命是讓每個人的職業生涯變得更美好，我們設立播客頻道，舉辦工作坊，出版《職場天賦》（*The squiggly Career*），分享實用的觀念和行動建議，幫助大家戰勝職涯。2020 年全球有超過 50 萬人讀過我們的書、看過我們的演講、聽過我們的播客。在我們的經驗中，每個人都很關心自己的職涯，期待「迂迴而上的職涯」前景。我們有一些學員，在個人發展方面下了不少功夫，仍需要向別人討教，才能累積更豐富的知識和能力，以突破職業生涯中免不了的難關。這不是在「討救兵應急」，而是透過職涯教練的協助，釐清自己的思緒，有信心採取行動。

我們想推翻封閉的教練模式，大方分享觀念、工具和技巧，讓每個人成為自己的教練。我們兩人都是合格的職涯教練，如果你有正確的心態和動機，也可以練習自己當教練，幫自己克服難關，做出正向的改變。我們期許這本書會提振你的信心，讓你成為職涯的主人，甚至在職業生涯中，有餘力向別人伸出援手。

職涯對話的力量

看了這本書，還是要找別人聊一聊。職涯對話有很多好處。別人會提出你沒想過的觀點，支持你去探索新的解決方案，鼓勵你去採取行動，因此，不妨找主管、職涯導師、職場好朋友、前

同事或家人聊一下。我們由衷希望你跟別人對話之前，先閱讀《衝吧！突破薪水天花板》，你可以直接運用書中分享的技巧和觀念，或先提升自己的覺察力和洞察力，再去找別人一起討論職涯，可以發揮更大的用處和意義。這本書甚至鼓勵大家，找志同道合的人共同學習，展開職涯對話。

優質的對話，能澈底改變行動的方向。
──琳達·蘭伯特
（Linda Lambert）

希望你成為最好的自己

進行自我教練，難免會有觸礁的時候。你可能奢望有簡單的解答或者有別人指示你，可是有一句古諺是這麼說的：「值得做的事情，絕對不好做。」當你投入於自我教練，就是在投資你現在和未來的職涯。閱讀的當下，永遠要記得，我們會一路陪著你、支持你，為你加油打氣。寫書有一個好處，就是能夠認識廣大的讀者，請大家別客氣，歡迎和我們聯繫並分享你的近況。希望你會喜歡《衝吧！突破薪水天花板》，這將會是你在自我教練和職業生涯的強力後盾。

莎拉和海倫敬上

如何善用這本書

✳ 踏出第一步

第一章〈如何成為自己的教練〉，包含下列內容：

教練的心態和技能

第一章教大家培養正確的心態和技能，就有能力指導自己，克服職場上的任何難關。至於心態層面，你奉行的是成長心態，還是定型心態呢？你是過度思考的人，還是先做再說呢？你內心有沒有「愛批評的討厭鬼」？至於技能，我們教大家提升自我覺察，聆聽內在的聲音，進行深刻的自問自答。各位讀者最好從序言讀起，先掌握自我教練的大原則，再來培養自我教練的心態和技能。

《衝吧！突破薪水天花板》工具包

每一章會介紹心態和技能，接著分享工具包，包括思想陷阱、正向提問、自問自答、行動建議、「COACH 教練架構」等。這些工具會出現在每一章，陪著你度過職涯難關。學習這些觀念並且實際運用，來克服自我教練的難題，你閱讀這本書的時間就值了！

你做自我教練，正好碰到難題？

閱讀本書的你，也許職涯正好卡關了。第一章的最後會列出做自我教練最常碰到的難題，並建議大家可以先閱讀哪幾個章節。

✳ 奪回掌控權

本書第二章至第七章，分別鎖定常見的職場難題：

韌性：如果事情不按計畫走，該如何應變？
時間：如何掌握工作時間？
自信：如何培養自信，幫助自己成功？
關係：如何建立必要的事業人脈？
發展：如何維持發展的衝勁？
使命：如何培養方向感，做有意義的工作？

大家登門求助，經常提到這幾個主題。就算沒有大難當前，從這幾個領域下手，做好自我教練的功課，無論你的經歷為何或身處在何種產業，這些內容對你絕對大有幫助。

✳ 本書妙用

每一章的架構都相同。首先，我們會向你解釋，為什麼某個主題對於自我教練很重要。再來，我們列出常見的思考陷阱，並提供實際範例，教大家轉為正向提問。最後，把重點放在如何成為自己的教練。

每個章節皆分為兩大部分：

⇨ **第一部分**：如何持續鑽研和精進每一個領域，贏在起跑點上。以第二章韌性為例，第一部分提供自我教練心法，在事業順利的時候，仍不忘培養內在韌性。

⇨ **第二部分**：如何克服當前的難關。如果你閱讀的當下，*正好需要幫助*，等你讀完第二部分會獲益良多。以第二章韌性為例，如果事業正好卡關，第二部分幫助你透過自我教練克服難關，立即感受到自己的進步。

每一章的結尾，分成三大部分：

⇨ **向專家取經**：邀請我們崇拜的專業人士，請他們針對特定的主題，給讀者幾個建議。倫敦商學院教授丹・卡布爾（Dan Cable），分享該如何找到人生使命。《迎難而上：黑人女孩聖經》（*Slay In Your Lane*）的作者伊麗莎白・烏維比內內（Elizabeth Uviebinené）也來現身說法，教大家如何培養自信。

⇨ **COACH 教練架構**：有了這套架構，你可以克服自我教練的難關，統合你所有的洞察和想法。

⇨ **摘要**：統整全章的觀念、工具和問題。讀者稍微瀏覽一下，就可以回想自己看過的內容，隨時回來複習。

✳ 來自成功人士的建議

本書最後一章叫做〈來自四面八方的建議〉，我們邀請各行各業的人，為這本書提供職涯（或人生）建議。這些人大方分享智慧小語，讓每個人都有學習的機會。我們邀請到前英格蘭足球員伊恩·懷特（Ian Wright），還有創業家瑪莎·連恩·福克斯（Martha Lane Fox）等人，可以為你帶來源源不絕的靈感。我們拍胸脯保證，只要看 5 分鐘，就會大為振奮，讓心情好起來。人偶爾就是需要這類的刺激，重新恢復活力。

發揮閱讀的效用

勤寫筆記，才能印在心裡

我們衷心希望，你把書翻到破破爛爛，這代表這本書和我們說的這些話，對你確實有用處。在書上寫筆記，被記住的機會比較高。當你開始閱讀並且寫筆記，就是在內化書中的內容。動手寫東西，可以把想法和洞察留在你心中，所以麻煩你，盡情在這本書上塗鴉吧！

持續做自我教練的功課

自我教練的功課，做一次還不夠。這是你必須持續練習的能力，如同其他技能，愈練愈熟練。這本書的練習題，我們自己也做了無數次，可能是私底下自己做，或者在工作坊做。職涯不免

會有變動，一旦有所改變，自我教練的理念和行為，當然也要跟著改變。我們建議大家，定期翻閱這本書，回顧書中的練習和工具，讓自己持續成長，發現精進的機會。

延伸學習

自我教練的功課，不光是閱讀這本書。開創性的洞見和想法，總會在不經意的時候出現，比如等公車、淋浴或外出散步等。為了發揮這本書的最大效用，不妨在零碎時光中，騰出自我教練的時間，譬如養成習慣，先在家讀完一個章節或者一部分內容，然後到附近

> 點子冒出來的時刻，總是出乎意料，例如刮鬍子或洗澡的時候，或者一大早半夢半醒之間。
>
> ——詹姆士・楊
> （James Young）

的咖啡廳坐一下，換一個新空間，沉思你讀過的內容。也可以找朋友共讀這本書，等到兩個人做完練習題，再一起「邊走邊聊」（當面聊或打電話），分享各自的收穫。

✳ 加入線上社群

我們十分好奇，你閱讀這本書，展開自我教練的旅程，有沒有什麼進步和收穫呢？我們除了寫書，也提供大量的免費資源，有許多實用的工具和建議：

「Squiggly Careers」播客頻道

　　每星期播出一集，至今超過 250 集，涵蓋你想像得到的職涯主題，比方如何發揮和彰顯你的強項？當專才還是通才呢？該如何培養自信？

Instagram 帳號-@AmazingIf

　　這裡有免費的職涯工具、祕訣和建議，偶爾會透露創業的幕後真實情況！

Helenandsarah@amazingif.com

　　如果有任何意見或問題，歡迎寄信到這裡。我們期待聽到你的成功故事，也歡迎來信指教，讓我們知道有哪些遺漏或者值得改進的地方。

www.amazingif.com

　　官網有免費的模板可以下載，在自我教練的過程中，幫助你反思和對話。官網也有線上學習課，幫助你更上層樓。

「你可以翻開任何一頁，
反正我們都在。
你的朋友永遠都在，
所以這本書沒有完結的一天。」

羅爾德・達爾（Roald Dahl），
《長頸鹿與皮里與我》
（*The Giraffe and the Pelly and Me*））

「職涯教練做的事並非治療，
而是產品發展，
而你，就是那個產品。」

美國雜誌《快公司》
（*Fast Company*）

CH. 1
如何成為自己的教練？

什麼是自我教練？

自我教練，不外乎開發潛能、發現機會或解決問題。這是每個人都學得會的技能且熟能生巧。我們對自我教練的定義如下：

> *這是自問自答的能力，*
> *可以加強自我覺察，激發正向行動。*

自我教練的能力，不是由職涯成就或職場經歷來決定的。反之，真正的關鍵在於你投入多少時間和心力，來提升自己的教練能力。世上並沒有「完美的教練」，你看了我們的建議，只要願意嘗試和實踐，絕對大有收獲。

當你學習做自己的教練時，需要特別花時間鍛鍊下列三個領域：

1. 教練的*心態*。
2. 教練的*技能*。
3. 教練的*工具包*。

接下來的內容，會依序探討心態、技能和工具包，以及該採取哪些行動精進自我教練力。在第一章的最後，我們列出自我教練過程中，經常碰到的難題。如果你不巧碰上了，那麼本書有哪幾個章節，是你非看不可的呢？

自我教練：心態篇

鍛鍊自我教練力，第一步就是調整心態。心態不正確，就好像參加比賽時有一個不好的開始，起初可能會有些微的進步，但很快就打回原形。這部分我們會探討三大面向，包括心態的引力、思想家 vs.行動派、愛批評的討厭鬼。我們會針對每一個面向，分享行動建議，幫助你調整心態，克服自我教練的難關。

✱ 心態的引力

自我教練的動機，通常是內心渴望改變，例如想升遷，或是想改善跟主管的關係，還有一些更抽象的原因，例如渴望尋找工作的意義。自我教練面臨的難題，經常是複雜、棘手、難解的，因為前方的阻礙太大了，難免會感到受挫，*無計*可施。做自我教練，總會面對這種時刻，但重要的是，不要對自己的能力沒信心，甚至放棄一切。

> 變，總比不變好。
> ——卡蘿・德威克
> （Carol S. Dweck）

　　心理學者卡蘿‧德威克（Carol S. Dweck）把心態分成兩種，分別是成長心態（growth mindset）和定型心態（fixed mindset）。如果是奉行成長心態的人，即使*尚未*達成目標，他們仍相信自己有進步的能力，人生面臨挑戰時，也會不斷自我喊話：「我不會做，但我相信我學得會。」反之，定型心態會限制自我潛能，凡是「尚未達成的事」就等於是「不可能的事」，於是就傻傻相信「我做不到」或「這在我身上行不通」，如此一來，自我教練就會陷入僵局。

　　有一些自我教練情境，特別會吸引定型心態，例如認為自己**掌控**不了情勢、沒**信心**採取行動、或沒**能力**克服難關，那麼你的心態就會開始跟你作對。看看下面這張圖，畫了定型心態的磁鐵，有沒有似曾相識的感覺呢？

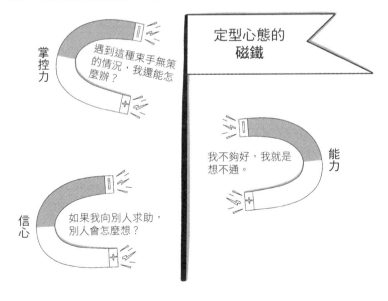

掌控力
遇到這種束手無策的情況，我還能怎麼辦？

定型心態的磁鐵

我不夠好，我就是想不通。
能力

信心
如果我向別人求助，別人會怎麼想？

✳ 鍛鍊心態的行動方針 1：從定型心態轉為成長心態

如果被定型心態拖著走，你就要反其道而行，肯定自己的成長，回想起你曾經一路過關斬將的經驗，你就會相信，這次也可以安然度過。其實你每個星期都會經歷無數的成長心態，只是你沒有想過，原來那些「稱得上」是成長心態。現在花一點時間，記錄過去幾個月，你有哪些成長心態？

成長心態的磁鐵

過去幾個月……

我在職場上，何時感受到自己有掌控力？

_____

什麼時候我對自己的工作有信心？

_____

我有沒有做什麼事情，來提升自己的能力和技能？

_____

當你穿越自我教練的困境，難免會陷入定型心態。一旦察覺定型心態的磁鐵，立刻做兩件事：

1. *自問*上述三個問題，你會突然想起來，其實自己也是有

成長心態的時候。回答這些問題，你的心態會變得更積極，更相信自己，讓你可以從定型心態轉為成長心態。

　　2. **矯正**定型心態。如果冒出消極的念頭，記得改寫一下，加上「還沒」這個詞。舉個例子，「我想不到解決辦法」可以改成「我還沒想到解決辦法」。調整一下說法，換一個角度看待難關，原本難以克服的障礙，瞬間成了值得探索的領域。

✳ 思想家 vs.行動派

　　做好自我教練，一來會提升自我覺察，二來會激發正向行動。由此可見，你必須時而當思想家，時而當行動派。在日常生活中，大家會有自己的風格，要不是思想家，就是行動派，但是在職場上，可能兩者兼具。

　　認清自己的傾向，知道自己有什麼優缺點，絕對會改善自我教練的品質，以免限制自我學習，或者妨礙自我進步。以莎拉為例，她是天生的思想家，懂得踩煞車，停下來想一想，但缺點是想了一段時間，才會開始行動。海倫是天生的行動派，透過立即的行動，盡情嘗試，但只要開始原地踏步或放慢腳步，就會灰心意冷。

　　下面的表格，列出思想家和行動派的優缺點，教大家如何「切換」。這不是在分析人格特質或「歸類」。我們只是希望，你可以認識自己天生的教練風格，等到有需要的時候，懂得自由切換，從這兩種風格獲益。

思想家	行動派
對自我教練的助益	**對自我教練的助益**
喜歡從各種角度想事情	願意立即嘗試
習慣按下「暫停鍵」，好好思考問題	喜歡採取行動
樂於花時間思考	把前進看得比完美更重要
對自我教練的壞處	**對自我教練的壞處**
追求完美，難以前進	把學習看成等著打勾的待辦事項
缺乏行動，所以沒什麼改變	想到要停下來思考，就覺得受挫
可能愈想愈糊塗，思緒不清	嘗試一堆新東西，卻沒有真正完成
如何趨吉避凶	*如何趨吉避凶*
未來優先。問自己：我對於未來一個月有什麼期望，但至今還沒有實現？這樣你就知道當下可以採取什麼行動。 **行動便利貼。**拿三張便利貼，每一張各寫一個行動，貼在看得到的地方。如果可以找人說一說，效果會更好。 **切換成行動派。**你身邊有誰是行動派呢？如果他碰到同樣的事情，可能會怎麼做？	**每天花十分鐘畫心智圖。**用手機計時十分鐘，回想自我教練遇到的難題，把任何想法都寫下來。 **相反意見。**針對自我教練遇到的每個難題，想一想有哪些相反意見。比方跟你看法不同的人，可能會怎麼想？ **切換成思想家。**你身邊有誰是思想家呢？如果他碰到同樣的事情，可能會怎麼做？

✳ 鍛鍊心態的行動方針 2：認清自我教練的風格和缺點

現在想一想，你是偏向思想家，還是行動派呢？有什麼壞處？該怎麼趨吉避凶？寫在下面的空格。

我的教練風格是（思想家或行動派）：

_____

我的教練風格有什麼壞處？

_____

_____

該怎麼趨吉避凶？

_____

_____

✳ 愛批評的討厭鬼

自我教練的過程中，如果內在的批評家跑出來鬧場，恐怕會妨礙你進步。內在批評家是你頭腦發出的聲音，一直在批評你「不夠」好。下一頁列舉內在批評家可能會說的話。每個人的內心，都住著一位內在批評家，稱為「負向認知偏誤」（negativity bias），以致我們所關注、回憶和思考的事情，往往是我們做不好的事，而非我們的正面特質。

內在批評家會說的話？

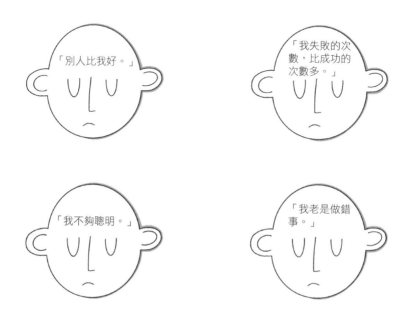

✳ 鍛鍊心態的行動方針 3：多聽教練的聲音，安撫內在批評家

　　我們愈是聽內在批評家的話，他就會愈強大，形成惡性循環（如果就這樣放任內在批評家，他的掌控權會愈來愈大喔）。你會看不清自己，無法採取正向行動，所以不會進步。接下來，我們分享兩個行動方針。如果你覺得內在批評家太吵，做這兩件事，就可以降低他的音量！一是當自己的超級好朋友，二是說鼓勵自己的話（如果你做不到，請翻到第四章〈自信〉，對你特別管用）。

當自己的超級好朋友

　　想像一下，超級好朋友會怎麼跟你說話，你就這樣子跟自己說話。每個人都給自己最嚴厲的批評，萬分的自責，讓自己背負莫須有的壓力。花一分鐘想一想，寫下三個支持你的好朋友。

　　三個支持我的好朋友：

1. _____
2. _____
3. _____

　　他們說的話以及說話方式，為什麼可以支持你？他們可能不會評斷你，甚至會幫助你看清事情，或者騰出時間來陪你。當你在自我教練的路上，遇到任何困難時，隨時想起這些好朋友，想像他們會說什麼話，聆聽這些支持的聲音。

鼓勵自己的話

　　鼓勵自己的話，是內在教練給你的正向提醒，你會記得自己有實現能力，即使前方崎嶇難行，仍有動力走下去，相信一切在掌握之中，心情樂觀，活力充沛。當內心出現負面的念頭，根本無濟於事，所以內在教練會質疑這些念頭，讓內在批評家閉嘴。對自己說鼓勵的話，是每個人的功課，記得經常對自己

說，這樣子可以提升自尊心[2]。

✳ 鍛鍊心態的行動方針 4：自創鼓勵小語

下列的鼓勵小語，剛好對應各章的主題，如果你對於其中幾句話有共鳴，用筆圈出來。下方有預留空白處，讓你自己寫鼓勵小語，重點在於這些話是你覺得適合且說出你的心聲。我們建議把這些話寫下來，貼在你每天看得到的地方，例如寫在便利貼，貼在牆上，或者設為筆電的螢幕保護程式。

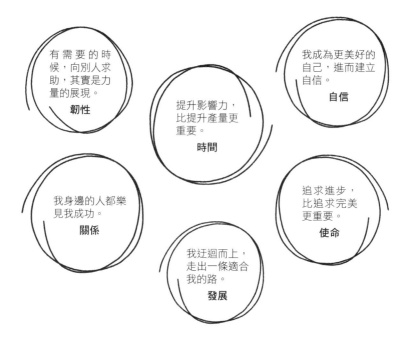

我自創的鼓勵小語：

_____

_____

_____

_____

自我教練：技能篇

我們探索了自我教練的心態，現在要探討自我教練的技能。如果你正好在培養自我教練力，心態和技能會相輔相成喔。

下列三大技能，可以在自我教練的過程中，幫助你克服每一個難關：

1. 自我覺察
2. 傾聽
3. 質疑

自我教練的技能 1：自我覺察力

> 「*21* 世紀要稱霸職場，最應該具備的技能，
> 其實是自我覺察。」
> 塔莎・厄里奇（**Tasha Eurich**）

研究人員塔莎・厄里奇（Tasha Eurich）發現，一般人之中只有區區 10～15%的人懂得自我覺察[3]。這未免太少了吧！我們先來聽聽看，塔莎的研究團隊是怎麼定義自我覺察的，然後再回頭看這個數字，你就見怪不怪了。自我覺察分成兩大類，一是內在，二是外在。內在自我覺察是認識自己的強項、價值、熱情和抱負，理解自己的想法和感受。外在自我覺察是考慮別人對自己的觀感，例如別人覺得你有什麼強項？這兩種覺察的好處不少。內在自我覺察會提升你對工作和關係的滿意度，舒緩焦慮和壓力。外在自我覺察會提升同理心，以及換位思考的能力。此外，厄里奇的研究團隊還發現，這兩種自我覺察並不相關，就算擁有內在自我覺察力，外在自我覺察力不一定好，反之亦然。同時兼顧這兩種覺察力的人，更是少之又少。

「自我覺察力＝好好認識自己＋知道別人對自己的觀感」

主動改善自我覺察力，在厄里奇看來，除了自我教練力會變好之外，還有其他好處。因此我們在每一個章節，會分享許多提升自我覺察力的祕訣。這兩頁介紹兩個小行動（按暫停、給意見的朋友），讓你立刻鍛鍊自我覺察力！

✳ 鍛鍊自我覺察力的行動方針 1：按暫停

我們身在職場，不太習慣按暫停鍵，因為都忙著採取行動以及執行任務，一整天下來，根本沒時間停下來思考。於是，把錯

怪給科技、主管和工作量，但其實很多人自己都不習慣按暫停。凱特・墨菲（Kate Murphy）著有《你都沒在聽》（*You're Not Listening*）一書，她說：「大家總覺得，猶豫或暫停令人尷尬，難以忍受，一定要刻意避免。」可是，再短的暫停，都是認識自己和加強學習的大好機會，甚至有可能製造驚喜。

找時間按暫停，聽起來不太可能，但其實只要在一天中，撥出片刻時光，就可以暫時停下來，問自己下列問題：

⇨那一場會議，我何時發揮了正向影響力？

⇨我最喜歡今天哪一個時段？為什麼？

⇨我跟那個人聊天，為什麼覺得不自在？

⇨我在哪個工作領域最有貢獻？

⇨我這星期有沒有發揮到極致？

每天問自己其中一個問題，內在覺察力就會大有斬獲。想想看一天之中，你在哪些時段和地點，最有可能按暫停鍵。莎拉是獨自散步的時候，海倫則是準備午餐的時候。

我最能夠按暫停的時間點：

_____

✳ 鍛鍊自我覺察力的行動方針 2：給意見的朋友

當你開始做自我教練，不妨想一想：哪些朋友可以給我意見？這是一小群值得信任的朋友，他們對你了若指掌，也願意說真話，包括你現在的同事、以前的同事，甚至親朋好友等。給意見的朋友，必須符合下列條件，才能夠提升你的自我覺察力：

給意見的朋友：徵求條件

⇨支持你，永遠站在你這邊，希望你成功。

⇨勇於提出尖銳的意見。

⇨關心你這個人，也願意直接挑戰你。

⇨了解你的職場。

以我們為例，作家兼播客主持人布魯斯・戴斯利（Bruce Daisley），就是一位給意見的好朋友。布魯斯給出來的意見，總是直來直往，經常透過 WhatsApp 傳送。還記得我們傳給他 TEDx 的演講初稿時，他第一個反應是，「這些未免太『無聊』了！你們明明這麼有趣，『不應該』把演講搞成這樣。」他的意見提升我們的自我覺察，帶來意想不到的洞察。我們為初稿費盡心思，很滿意成品，一聽到布魯斯的意見，內心有一點訝異，感到震驚和失望。可是，當我們重看那段演講，覺得他說的沒錯，我們的講稿喪失了我們獨特的個性。布魯斯勇於給意見，雖

然忠言逆耳，卻是我們心目中第一名的給意見好朋友，因為我們很清楚，他站在我們這一邊，一心希望我們成功。

下方的空格，填入三個人的名字，他們可能早就是給意見的好朋友，或者是你心目中的人選。做這項練習可以提醒你，自我教練的過程中，別忘了跟這些人請教，還有感謝他們的付出。給意見的好朋友很難得，一來是你最強大的後盾，二來是勇於說真話，一定要顧好這些朋友！

三個給意見的朋友：

1. _____

2. _____

3. _____

自我教練的技能 2：傾聽自己的聲音

你有多會傾聽自己的聲音？1 分是沒能力，10 分是卓越，你會給自己打幾分？我們舉辦工作坊，學員至少給自己打 7 分，但是研究指出，我們經常高估自己的傾聽能力[4]。例如，拉夫・尼可斯（Ralph Nichols）教授發現，一段簡短的談話，大多數人至少會遺忘大半內容[5]。我們以為自己在聽，但其實迫不及待想發言，或者為工作的事情煩心。傾聽自己的聲音，也有類似的問

題。上一個念頭都還沒結束，就
急著進入下一個念頭，或者還沒
想清楚每一個選項，就以為自己
找到正確答案了。自我教練成功
的關鍵，在於學習傾聽自己的聲
音（並且傾聽別人說話）。

傾聽，就是在學習。你
會像海綿一樣拚命吸
收，人生變得更美好。
——史蒂芬‧史匹柏
（Steven Spielberg）

✳ 鍛鍊傾聽力的行動 1：揪出打斷自己的片刻

　　我們談話的時候，經常打斷對方，每天至少會打斷十次[6]，
於是我們習慣去打斷別人，以及被別人打斷。如果想知道打斷的
頻率有多高，趁開會的時候，記錄打斷的次數吧！打斷的原因五
花八門，有的是負向（為了展現權力，或給別人下馬威），有的
是正向（為了展現支持和熱情）。每次打斷別人說話，八成會導
致注意力中斷，根本沒什麼好處。在不同任務之間來回切換，對
人腦來說很吃力，這會分散我們的心力，降低思考的品質。此
外，如果老是被打斷，不利於探索個人想法，拓展新的覺察，
「靈光乍現」的機會就變少了，恐怕會喪失前進的動力。

　　做自我教練之後，不妨觀察一下，你在什麼時候最容易打斷
自己呢？我們列舉幾個打斷自己的情況，都是大家經常遇到的；
你有沒有類似的情況呢？試著圈出來。哪一個特別有害呢？

打斷自己的情況

➪經常在不同的念頭和想法之間跳來跳去。

➪某件事只想了一下，就覺得煩了，開始想別的事。

➪還沒有想過其他選項，就自以為找到答案了。

➪如果得不到答案，寧願直接放棄，換一個更簡單的問題。

➪容易被電子產品轉移注意力。

我打斷自己的經驗：

_____

✴ 鍛鍊傾聽力的行動 2：愈潛愈深

我們必須找到務實的方法，專心克服當前的難關，而非急著前進。這兩個有什麼差別呢？一個是浮潛，在水面上游來游去，另一個是潛入未知的領域。如果面臨自我教練的挑戰，有時候需要做一下深潛。

深潛是發現寶藏的門路。

潛入水底下，對自己會有新的看法。

三個不同類型的問題，可以幫助你潛得更深。

深層：關注事實

這些問題會幫忙收集資料，客觀看待情勢，比方「誰說了什麼話？」、「今天發生什麼事？」

更深層：關注感受

這些問題關乎你的感受，幫助你探索自己的情緒，比方「這帶給我什麼感受？」、「這觸發我什麼反應？」

最深層：關注恐懼

這些問題恐怕難以面對，因為直搗你最重要的核心，比方「面對這個情況，為什麼我會感到心煩？」、「為什麼我要這麼在乎他們的意見？」

✳ 深潛

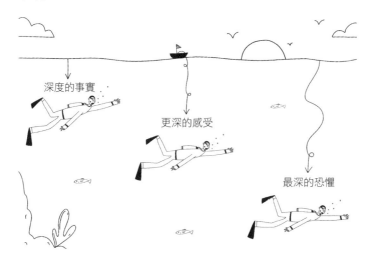

深度的事實

更深的感受

最深的恐懼

哪一種深度的問題，最適合現在的你？深層、更深層或最深層呢？

圈出你想記住的問題，以後你做自我教練，就可以派上用場（有可能是你最不願意面對的問題）。

事實：「如果對方只在乎事實，我該如何表達自己的難處？」

感受：「我對於自己的難處，有什麼感受呢？」

恐懼：「如果我採取行動，可能有什麼恐懼？」

「假設有一個小時可以解題，
我要是想不出答案，人生就完蛋了，
那麼，我會先花 55 分鐘擬好問題……
只要確定問題沒有錯，
5 分鐘之內，就會解決問題。」

阿爾伯特‧愛因斯坦
（Albert Einstein）

自我教練的技能 3：提問力

　　這本書收錄很多問題，幫助你當一個稱職的教練，可是我們提出的問題，絕對比不上你自己提出來的。自我教練的提問，最好要貼近個人的狀況，所以並沒有萬用的問題集。我們分享兩個提問技巧之前，先介紹三個提問的原則，可以幫助你提出好問題。因為好的開始，就成功了一半。

✳ 自我教練提問的三大原則：開放題、一次一個問題、自己能夠掌握的事

1. 開放題

　　自我教練的好問題，不可以只有「是」、「否」兩個答案。所謂開放的題型，會指出人、事、時、地、物。如果你問了封閉的題型，例如「我有沒有做這件事的決心？」只要調整一下，就會變成開放題，「怎樣可以提升我做這件事的決心呢？」

2. 一次一個問題

　　一次丟太多問題，腦袋會不堪負荷，記不住任何問題，更別說要想出合適的答案，因為到頭來，通常只會回答最後一個問題，其餘幾個問題全忘了。自我教練的過程中，你會問自己一大堆相輔相成的問題，但如果一次一個問題，你對問題的理解反而更深，你會想出更多的選項和行動方案，充實你的自我教練法。

我們列舉一個自我教練的困境，教大家落實「一次一個問題」。

自我教練的困境：你升遷不順利，不確定未來的發展。

一次太多問題

問題：為什麼我升遷不順利？升遷的人，有什麼好的表現？我應該找主管聊些什麼？	答案：我必須找主管聊一聊，聽取主管的意見，說不定未來還有升遷的機會。	行動：跟主管約時間，徵求他的意見。

一次一個問題

問題：為什麼我升遷不順利？	答案：我不清楚公司的升遷規定。	行動：找之前升遷的同事聊一聊，聽取前輩的經驗。聯絡人資單位，確認升遷的管道。
問題：誰可以幫助我升遷？	答案：我的主管、前主管、公司外部的職涯導師、人資專員	行動：聯絡前主管，一起喝咖啡。
問題：該如何維持工作的動力？	答案：找一些新專案來做，盡量發揮自己的強項。	行動：私底下找主管聊一聊，表達這個想法，詢問公司有沒有什麼機會，可以讓我發揮強項。

3. 自己能夠掌握的事

自我教練的提問，必須圍繞著「我」，例如「*我可以怎麼……*」、「*什麼是我可以……*」、「*哪裡是我可以……*」。雖然你面對的挑戰跟別人有關，但你的焦點要放在你可以掌握的範圍，以及你可以採取的行動。如果在自我教練過程中，開始怪罪別人，記得要轉移注意力，關注你能掌握的事情。當你發現自己的教練風格有這個問題，不妨丟出關於「自己」的問題，唯有你自己可以回答，例如「*我接下來要做什麼？*」、「*我有什麼感受？*」無論遭遇什麼難關，唯獨你可以想出最棒的解決辦法，所以要提升自我覺察力，搞清楚自己的行動，就會有更多改變的動力和決心。

✳ 鍛鍊提問力的行動 1：化身調查員或探險家

自我教練的過程中，總會有原地踏步的時候，例如每件事都超出負荷了，複雜到無力解決的地步，或者你有認清現況，卻覺得自己卡關了。你可能面臨到見樹不見林的問題，腦袋卡住了。如果有這個感覺，試試看下列的提問技巧，你就會換個思考方式，或者繼續向前走。

見樹不見林嗎？當一個調查員

我們會瀕臨崩潰，通常是因為情緒來了或者情況太複雜，甚至兩個原因都有，以致我們的感受凌駕一切，就連自我反思也淪為鑽牛角尖，行動也淪為焦慮。這時候，不用忙著釐清所有人、

事、物，反而要關注自己重視的細節。把自己當成調查員，而非親身體驗者，這樣看事情，才會保持客觀。你會認清事實，決定下一步怎麼走。下列是身為調查員，適合提出的問題：

⇨關於目前的情況，我收集到哪些事實？

⇨除了我之外，這件事還跟誰有關？

⇨何時必須做決定？

腦袋卡住了？當一個探險家

你可能覺得自己別無選擇，甚至認為「我改變不了」或「我困住了」。如果有這種感受，把自己想像成一個探險家，充滿好奇心。你只需要在乎前景和方向，先不管怎麼達成。下列是身為探險家，適合提出的問題：

⇨想像一下，如果沒有這些阻礙，你會怎麼做？

⇨什麼是我做過最有抱負的行動？

⇨該如何探索我沒想過的選項？

✳ 鍛鍊提問力的行動 2：五個環環相扣的為什麼

問自己五個「為什麼」，這五個問題看似不同，但其實環環相扣，可以揪出教練困境的癥結點。每一個「為什麼」都是基於上一個問題。你如何看待自己的答案，促使你採取改變的行動。參考下面的範例，你就會明白該如何操作（我們提供的答案

盡量簡短；但是你實際操作時，可以寫長一點）。

5 個環環相扣的為什麼：範例	
第一個為什麼：為什麼我提不起勁？	答案：因為我的工作不太有趣。
第二個為什麼：為什麼我的工作不太有趣？	答案：因為我沒有發揮強項。
第三個為什麼：為什麼我無法發揮強項？	答案：因為我剛加入新團隊，大家還不太認識我這個人，或者我以前做過什麼事。
第四個為什麼：為什麼我的團隊不知道我的豐功偉業？	答案：因為我沒有講過自己的經歷，以及我做過哪些類型的工作。
第五個為什麼：為什麼我不主動分享過去的經驗？	答案：因為我找不到適當的場合，我不想給別人「愛現」的感覺。
我的行動 - 跟主管建議，下次開會的時候，給大家分享工作經歷的機會。 - 私底下找主管聊一聊，想辦法多發揮一點強項，幫助團隊達成目標。 - 寫鼓勵的話給自己，不要怕給人愛現的感覺。	

　　上面這個範例，提出五個環環相扣的「為什麼」，來發現不同的行動選項和機會。第一個答案不一定就是錯的，只不過是一小塊拼圖罷了。這個例子也透露一件事，克服自我教練的困

境，通常跟心態（對自己的強項有信心）和技能（發揮強項來支持團隊）有關。

現在，你已經花了一些時間培養心態和技能，第一章還剩下工具篇，這在每一個章節都會派上用場。這些工具和背後的原理，絕對值得你學習，可以幫助你克服自我教練的難題。

自我教練：工具包篇

在後面幾章，四大工具會反覆出現，協助你走出自我教練的困境，我們希望你可以應用到人生各個層面。下一頁將為你統整這四大工具，讓你有一個概念。

自我教練的工具	
跳脫思考陷阱，正向提問	自問自答
行動建議	COACH 教練架構 清晰（Clarity） 選項（Options） 行動（Actions） 自信（Contidence） 求助（Help）

✳ 跳脫思考陷阱，正向提問

　　思考陷阱指的是我們的假設和信念，一直在妨礙我們前進。不妨注意一下，何時你會冒出負面的念頭（對自己或別人），這就是落入思考陷阱的時刻。一旦陷入思考陷阱，你只會看到一個解決辦法，甚至一點辦法也沒有。「陷阱」這個字，象徵我們陷入無用的念頭，以致心情低落、防禦心重、感到受挫（甚至三種情緒都有）。

　　正向提問有助於改變思考陷阱，幫助你度過難關，你可能要換個角度看問題，或把限制看成機會，進行創意思考。每一個章節，我們會針對各別的主題，列舉五個常見的思考陷阱，教你如何改成正向提問（下面有幾個實際的例子）。不妨先想一想，你有哪些思考陷阱呢？練習一下，將它們轉換成正向提問。

打破思考陷阱，變成正向提問

　　思考陷阱：主管一直在妨礙我。
　　正向提問：我的職業生涯中，還有誰可以支持我？

　　思考陷阱：我待在這個環境裡，沒有進步的機會。
　　正向提問：我如何掌握自己想學的東西？

　　思考陷阱：我做那份工作不上手。
　　正向提問：過去十二個月，我有哪些成就？

✳ 自問自答

　　每一章都收錄許多問題，讓你自問自答。全部是開放題，一次一個問題，都是你可以掌握的事情，幫助你揮別卡關，成長進步。如果你跟大家聚在一塊（或者線上聚會！），也可以一起回答。你也可以自己設計問題，不要局限於我們收錄的問題集，「打破思考陷阱」的練習也是如此。當你刻意練習，久而久之，你會有自己的「口袋」問題，隨手寫在最後的空白頁。

✳ 行動建議

　　這本書成功與否，端視讀者閱讀完畢後，有沒有採取正向行動。你為了某個原因，選擇我們的書，有沒有因此受到激勵，想探索自己的潛能，或者發現你想解決的問題呢？我們的行動建議，只是給你嘗試、調整、實踐或激發創意的機會，千萬不要有壓力。自我教練的過程，是為了找出最切身相關、對自己最有利的行動，然後堅持下去，而且只有你自己，知道是哪些行動。

✳ COACH 教練架構

　　我們設計了 COACH 教練架構，幫助你統整自己的想法和觀念，也適合做職涯對話前的準備！自我教練的重點有幾個，包括探索不同的方向、嘗試不同的選項、套用沒想過的觀點。

　　你用了 COACH 教練架構，絕對不會「忽視」自身的努力。這個架構可以統整你所有的思緒，如此一來，你對於目前的情況以及未來的計畫，不僅看得清清楚楚，也會信心滿滿。

COACH 是下列幾個字的英文縮寫：

清晰＝**Clarity**
選項＝**Options**
行動＝**Action**
自信＝**Confidence**
求助＝**Help**

COACH 教練架構的每一個面向，分別有各自的用途，以及適合的提問（做自我教練之後，你可能會想到更多問題，到時候再自行補上）。

COACH 教練架構		
架構	用途	問題的範例
清晰 （Clarity）	我想解決什麼問題呢？	1. 我當下想到什麼呢？ 2. 什麼是最迫切的問題？ 3. 什麼是我卡關的原因？
選項 （Options）	我思考過哪些選項呢？	1. 哪些選項可以讓我進步呢？ 2. 這個挑戰還可以怎麼克服呢？ 3. 我的團隊／公司該怎麼幫忙我解決問題呢？
行動 （Action）	我有哪些行動方案呢？	1. 哪些行動對我有幫助呢？ 2. 接下來做什麼最有用呢？ 3. 什麼行動能為我帶來最大的改變？
自信 （Confidence）	我可以怎麼堅持自己的行動呢？	1. 如果要採取這個行動，我對自己的信心有多少？最低一分，最高十分。 2. 如何把信心指數再提升 1～2 分呢？ 3. 什麼是我行動的絆腳石？
求助 （Help）	我需要什麼支持呢？	1. 誰能幫我度過難關？ 2. 我還可以向誰求助呢？ 3. 以前幫過我的人，現在可以再幫我一次嗎？

　　每一章尾聲，你都會看到一張空白的 COACH 架構表，在克服難關的過程中，隨時可以記錄想法。大家看到 COACH 架構表，總會有想要一次「填完」的衝動，但就我們的經驗來看，最好一邊閱讀，一邊填寫，比方你剛讀完一兩個小節，先來填寫 COACH 架構表，等你有新的見解和想法，可以再回來補寫。這本書的最後，還附上幾頁空白的 COACH 架構表，如果你覺得不夠用，也可以前往 www.amazingif.com 網站下載。

常見的職涯難關

　　有些讀者選擇這本書，是因為目前的職涯中，正好有迫切的問題要解決。下一頁列出我們最常聽到的職涯難關，並建議大家可以優先看哪幾個章節。

常見的職涯難關		
自我教練常面臨的難題	先看哪一章？	再看哪一章？
我跟主管／同事處不好	Ch 5. 關係	Ch 2. 韌性
我想要換工作／換跑道	Ch 7. 使命	Ch 6. 發展
我想升遷	Ch 6. 發展	Ch 5. 關係
我失去工作的動力	Ch 7. 使命	Ch 3. 時間
我想要平衡工作和生活	Ch 3. 時間	Ch 7. 使命
我在原地踏步／卡關了	Ch 6. 發展	Ch 4. 自信
我對自己喪失信心	Ch 4. 自信	Ch 2. 韌性
我想要從我的工作找到更多意義	Ch 7. 使命	Ch 6. 發展
我最近工作不太順	Ch 2. 韌性	Ch 5. 關係

「如果一切都很完美，
你永遠學不到東西，
永遠無法成長。」

碧昂絲‧諾利斯
（Beyoncé Knowles）

CH.2
韌性

如果事情沒有照著計畫走,你會如何回應?

✳ 韌性:為什麼需要自我教練?

1. 無論哪個產業、無論位階有多高、無論資歷有多深,每個人的職涯都會面臨逆境。
2. 我們不要等到逆境來了,才在那邊鍛鍊韌性。反之,我們要先鍛鍊好,這樣不幸遇到逆境時,例如日常的壓力或者突如其來的難關,才知道怎麼回應。

✳ 成功之路,不是一條直線

你不可能預測或控制職涯的每一個層面,但至少可以確定的是,這一路上難免會有意外發生,讓你不禁覺得,職涯何止是迂迴,簡直是難搞到了極點。如果平時不關心自己的韌性,傻傻等逆境降臨,這樣的風險是很大的,只有逆來順受的份。反之,如果持續鍛鍊韌性有兩個好處,一是你面對職場上的難關,更有能力應對;二是等到你有需要的時候,早已具備足夠的韌性。

韌性儲備（*Resilience reserves*）
如果持續鍛鍊韌性，等到你有需要的時候，
就有足夠的韌性。

✳ 逆境有百百種

我們在面對職涯難關時，特別需要韌性，例如突然失業，或者工作環境對自己不利。艱困的時期，韌性絕對是必要的，但我們萬萬沒想到，就連想要安然度過每一天，也有賴於韌性鍛鍊。工作日最常遇到的意外，不外乎是需要衡量輕重緩急，或是突然有活動要參加，或者要面對難題或難搞的人。當你開始培養韌性，你就有能力應付各種逆境，例如「上班日不順遂」、專案沒有按照計畫走或者公司結構重整，以致未來一年的展望瞬間破滅。不妨換個角度想，這是在考驗你的「韌性力」，亦即你面對各種逆境時，應變能力到底有多好。

韌性力（*Resilience range*）
當你面對各種逆境，從日常的挫折到人生的巨變，
看你具備的應變能力有多好。

✴ 韌性重置

　　大家經常說，韌性是「恢復」的能力，在我們看來，這個定義並不管用，尤其是自我教練卡關的時候，從這種定義出發，恐怕會局限你的思考。用字遣詞很重要，這會影響我們的觀點和行動，所以一定要慎選。哲學家路德維希・維根斯坦（Ludwig Wittgenstein）說過，「如果你的言語受限了，你的世界會跟著受限。」一個人深陷困境，不太可能「回到」從前，如果硬要把「恢復」當成目標，反而給自己製造壓力，明明過得**不太好**，卻假裝自己**過得好**。鍛鍊韌性，很重要的一部分是懷抱信心，*接納*自己*不太好*的狀態，有能力爭取必要的協助。雖然「恢復」不只有字面的意義，但我們還是建議大家，自我教練的過程中，最好把焦點放在未來，想想看可以怎麼做，讓自己更進步。

✴ 打破思考陷阱，獲得正向激勵

　　打破思考陷阱，注入正向激勵，揪出你想法背後的前提假設，把你的自我教練風格變得開放樂觀。

　　➪我看不到出路。
　　➪真不公平，這根本不是我掌控得了。
　　➪大家都不知道我經歷了什麼。
　　➪我不是「堅強」的人。
　　➪真想回到從前。

「不要害怕求助。

求助是我每天都在做的事情。

求助不代表你就是弱者，

反而凸顯了你是強者，

因為你有勇氣去坦承『你也有無知的時刻，

有學習新東西的必要』。」

歐巴馬
（Barack Obama）

現在把思考陷阱轉為正向提問，放下前提假設，進而探索不同的選項以及可能性。

思考陷阱：我看不到出路。
正向提問：誰遇過類似的問題？我可以從他身上學到什麼？

思考陷阱：真不公平，這根本不是我掌控得了。
正向提問：找出「我做得到」的三件事，不僅對我有幫助，也在我的掌握之中，例如找前主管聊一聊、更新 LinkedIn 個人檔案、列出我過去一年的成就。

思考陷阱：大家都不知道我經歷了什麼。
正向提問：如何分享自己的經歷，讓別人更加認識我？

思考陷阱：我不是「堅強」的人。
正向提問：如何發揮自己的強項（同理、傾聽、敏感），追求個人發展？

思考陷阱：真想回到從前。
正向提問：當下有什麼值得感恩的事情嗎？

我的思考陷阱

我的正向提問

✳ 如何靠自我教練，鍛鍊個人的韌性

如果事情不照計畫走，該如何做好自我教練呢？這就是接下來的重點了。我們會從旁協助你，每天鍛鍊韌性，等到有一天需要了，你就有足夠的韌性，手上也會有克服逆境的工具。

第一部分的內容如下：

⇨如何評估目前的韌性，發現自己的強項和缺陷。

⇨如何採取行動，提升韌性儲備。

第二部分的內容如下：

⇨如何做逆境稽核，確認當下的狀態。

⇨如何盡量做出對自己有利，而非對自己有害的韌性反應。

⇨如何運用心理時光旅行的技巧（以便反思過去，設想將來的選項，決定目前的行動）。

第二章的尾聲，讓《做些什麼吧》（*Do Something*）作者兼請願網站 Change.org 總監卡哈爾・奧德拉（Kajal Odedra）跟大家分享，該如何自在地求助，而且每個人都應該找職涯導師，從旁挑戰你、支持你。

第一部分：評估你的韌性

世上並沒有一張考核表，可以涵蓋韌性的各個層面，但下面列出的技能，絕對值得你培養，進而提升韌性儲備。做這項練習，你會知道自己在哪些項目發揮得好、哪些發揮不好，再來設法改進。

翻到下一頁，回答考核表的問題，為自己評分，最低 1 分，最高 10 分。

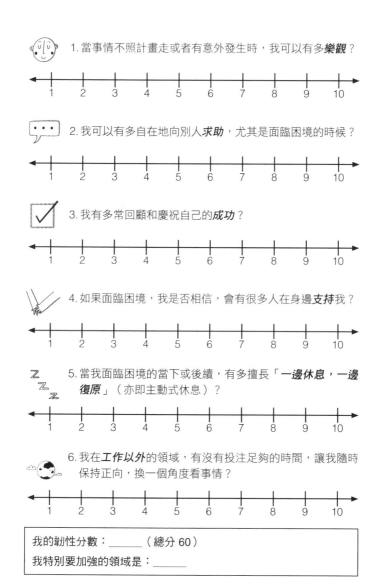

1. 當事情不照計畫走或者有意外發生時，我可以有多**樂觀**？

```
1   2   3   4   5   6   7   8   9   10
```

2. 我可以有多自在地向別人**求助**，尤其是面臨困境的時候？

```
1   2   3   4   5   6   7   8   9   10
```

3. 我有多常回顧和慶祝自己的**成功**？

```
1   2   3   4   5   6   7   8   9   10
```

4. 如果面臨困境，我是否相信，會有很多人在身邊**支持**我？

```
1   2   3   4   5   6   7   8   9   10
```

5. 當我面臨困境的當下或後續，有多擅長「**一邊休息，一邊復原**」（亦即主動式休息）？

```
1   2   3   4   5   6   7   8   9   10
```

6. 我在**工作以外**的領域，有沒有投注足夠的時間，讓我隨時保持正向，換一個角度看事情？

```
1   2   3   4   5   6   7   8   9   10
```

我的韌性分數：＿＿＿＿（總分 60）

我特別要加強的領域是：＿＿＿＿

「成功並非一蹴可幾。
成功是每天都讓自己變得更好，
這是長期累積的成果。」

巨石強森
（Dwayne Johnson）

做完韌性評估，你心裡會有個底，知道自己目前的韌性力。再提醒一次，韌性是適應各種逆境的能力，包含日常的挫折、人生的巨變。現在看你的分數，設法採取行動，提升韌性儲備（培養特殊技能，讓自己更有韌性）。接下來，我們針對各個項目，分享行動建議和自問自答。

✳ 你的韌性儲備 1：樂觀

> 「*樂觀主義者不是傻子。這些人活得更美好、更長壽、更健康、更成功—原因很簡單，因為他們不逃避問題，不輕言放棄。*」
> ——企業家，瑪格麗特‧赫弗南（**Margaret Heffernan**）

樂觀聽起來是個人特質，但正向心理學家馬丁‧賽里格曼（Martin Seligman）證實了，這是可以學習的能力，每個人都有機會變得更樂觀。

賽里格曼發現 3 個 P（稱為悲觀 3P），會妨礙樂觀思考。

悲觀 3P

1. 怪罪自己（Personal）：都是我的錯（怪我自己）。
2. 無孔不入（Pervasive）：我的人生一塌糊塗（諸事不順）。
3. 無限延伸（Permanent）：我的未來無望了（不會好轉）。

有沒有哪一個 P，你覺得似曾相識呢？

　　每個人對逆境的回應不盡相同，沒有人可以一直保持正向積極（也沒這個必要）。當逆境來臨時，對你的樂觀心態有什麼衝擊呢？有了這份理解，才能採取正確的行動，讓自己進步。我們針對悲觀 3P，分別提出一個行動建議，你可以從中選擇最適合你的。

行動建議一（怪罪自己）：停止咎責，徵求建議

　　一直鑽牛角尖，根本無法前進。人都會犯錯，沒有人是完美的。有時候旁觀者清，那些看著你一路走過來的人，可以幫助你換個角度看事情。放過你自己，放眼未來。徵求建議很容易，只要丟出一個簡單的問題問對方「*你怎麼看呢？*」就可以了。

行動建議二（無孔不入）：骨牌效應

　　列出你目前生活中的骨牌，例如家庭、工作專案、興趣等等，你會發現，至少有一樣是美滿的，例如孩子在學校表現很好，手上有很多潛在客戶，有時間去上飛輪課等等。如果有一個骨牌暫時倒塌了，沒關係，找出還站著的骨牌並心懷感激。

行動建議三（無限延伸）：1%的進步

　　每天早晨都試著寫下，你可以做什麼事情，讓今天比昨天進步 1%。盡可能寫一些明確的小事，例如閱讀一頁的書，中午休息半小時，跟著 YouTube 影片做十分鐘瑜珈等。

自問自答—如果悲觀 3P 正在妨礙我，我可以嘗試什麼行動呢？

✳ 你的韌性儲備 2：求助

我們工作坊的學員，在「求助」這個項目，經常拿到最低分，由此可見，大家寧願自助，也不想麻煩別人。

> 你不用知道每個問題的答案，也不用假裝你知道。
> ——賽門・西奈克（Simon Sinek）

自問自答—當我向別人求助時，內心有什麼感受呢？

事實上，有人登門求助，大家通常會滿心歡喜，覺得自己有用，受人信任和尊重，這些都是正向的情緒。開口求助，恐怕很難做到，但求助並沒有什麼好道歉，也沒有什麼好丟臉。

行動建議：乘以十倍

我們求助的時候，經常只找一個人幫忙。這會限制我們的學習，為什麼？因為受人幫助愈多，收穫愈大。斯迪富投資銀行（Stifel）歐洲地區總裁艾特尼・奧利里（Eithne O'Leary）說過：「沒有人知曉一切的智慧」。

想像一下，我們借用這個詞彙創造新概念，叫做「乘以十倍」。大家何不把自己獲得的幫助「乘以十倍」呢？下一頁的表格，填寫你渴望搞懂，卻苦思不得其解的職涯問題，例如「如何換產業？」、「如何提升自己開會的威儀？」寫下十個可以為你解答的人，十個聽起來很多，卻可以逼著你去探索不同的領域，向不同的人求助，例如跟前同事恢復聯絡，建立新人脈，或者找主管聊一聊（更棒的是你把這三件事全部做完了）。

我想向別人討教的職涯問題：	
哪十個人可以幫忙我？	
1.	6.
2.	7.
3.	8.
4.	9.
5.	10.

　　下列的自問自答，可以幫助你釐清自己的需求。回答這些問題，可以幫助你更易於向別人實際求助，因為你心裡很清楚你需要哪些協助，以及你為什麼需要協助。

自問自答—目前我需要哪些幫助呢？

自問自答—我可以向誰求助呢？

自問自答—為什麼他們是最適合的人選？

✳ 你的韌性儲備 3：成功事蹟

　　當事情沒有照著計畫走，我們內心的批評家就會冒出來，可是一直聽內在批評家編造的故事，真的會讓你誤以為自己毫無成就，或者沒什麼大成就，尤其是跟別人比起來。為了讓內在批評家閉嘴，最好刻意找出自己的成功事蹟，特別是那些你不在意的小事蹟。

花時間覺察一下，你做對了什麼事，一整天下來，你就會獲得無數的小獎勵。

——馬丁・賽里格曼（Martin E. P. Seligman）

行動建議：小小的成就

　　這是我們最受歡迎的練習，做起來簡單，卻發人深省。每天晚上（或者每週最後一天），寫下過去 24 小時，你完成哪些小成就，任何層面都可以，包括工作（更新 LinkedIn 的個人檔案）、健康（打了 20 分鐘的拳擊）、家庭（成功讓小孩吃下豌豆！）

　　按照下列步驟去做，你就會收穫滿滿：

1. 認可（Recognize）：回想今天你有哪些小成就。
2. 記錄（Record）：每天在同一個地方寫下這些小成就。
3. 回顧（Reflect）：回顧你過去的成就，思索你可以從中學到什麼經驗。

　　記錄每一個小小的成就是件格外重要的事情！把正向的時刻寫下來，在腦海留下的印象更加鮮明，而不只是單純腦中的念頭或感受而已。如果你跟海倫一樣有寫日記的習慣，不妨每天做這個練習。如果你比較像莎拉，那就等到內在批評家現身，再來做這個練習。

　　自問自答─我適合用什麼方式，來回顧自己的成就呢？

✴ 你的韌性儲備 4：支持系統

支持系統是幫助你走出逆境的人，包含親朋好友、以前和現在的同事等。如果事情發展不順利，身邊最好要有一批人可以支持你。除了無條件支持你的人，還有勇於質疑你、挑戰你、鼓勵你、同理你的人。如果你的支持系統像迴聲室，每個人都同意你的觀點，那你就要

只要有對的人在身邊支持你，一切都可能實現。
——米斯蒂·科普蘭
（Misty Copeland）

小心了！不一樣的觀點，反而對你有利，比方莎拉跟她的職涯導師經常意見不合，可是對方的建議，總是發人深省，極其寶貴。

行動建議：韌性的模範

本章開宗明義寫到，每個人都遇過逆境。現在想一想，誰是你心目中韌性的模範呢？你可以從對方身上學到什麼呢？這些人可以成為模範，可能有幾個原因，下面列舉幾個例子：

背景：挑選不同工作領域的人，例如你在大公司工作，就可以找一位自營業者當模範。

階段：挑選身在不同職涯階段的人，例如你已經出社會一段時間，就可以找一位社會新鮮人或退休人士當模範。

經歷：嘗試不熟悉的經歷。例如我們共同的朋友湯姆和詹姆斯，一起創辦 The Tempest Two 培訓機構，從事危險的個人挑戰

（例如攀登酋長岩），這需要無比的韌性，就算沒有攀岩的計畫，也可以從中學到經驗。

自問自答——你目前的支持系統中，是否缺乏某些模範？

✳ 你的韌性儲備 5：一邊休息，一邊恢復

面對逆境，我們的態度經常會認為再工作久一點，就可以快點好轉，可是這樣做，並不會鍛鍊韌性，反而會過勞。另一個極端是乾脆停工，可是跟公司請假，也不一定會復原！肖恩・阿喬爾（Shawn Achor）和蜜雪兒・吉倫（Michell Gielan）研究發現，暫停不等於復原。如果只是休息，卻沒有復原，根本沒辦法鍛鍊韌性，也

如果你累了，別急著放棄，先學會休息。
——班克西（Banksy）

無法成功[7]。大家都有過這種經驗吧？跟另一半共進晚餐，或者躺在床上醞釀睡意，腦袋瓜卻一直想著工作。

行動建議：主動式休息（active rest）

艾力克斯・潘（Alex Pang）著有《成功需休息》（*Rest*），他認為花時間做主動式休息，生產力會愈高。主動式休息有一點

矛盾，其實是去做別的事情，讓大腦暫時擺脫工作。潘發現這樣子好處多多，可以「紓解一整天的壓力和疲勞，為記憶注入新的經驗和學習，並且為潛意識保留運作的空間。」每個人有各自喜愛的主動式休息，不妨想一想，怎麼善用你每天或每星期的主動式休息時間。我們曾經詢問過朋友以及 Instagram 的追蹤者，有哪些喜愛的主動式休息活動。下面列出一些五花八門的範例，可以激發你的想像。

自問自答—對我來說，什麼是主動式休息呢？

自問自答—如何在工作日騰出時間做主動式休息呢？

✳ 你的韌性儲備 6：工作以外的世界

何必把工作變成生活？你應該留時間給自己，以免工作成了你的全部。
——梅根・馬克爾（Megan Markle）

工作很大一部分決定了我們是誰。你的個人認同，也是跟工作密切相關。可是，當一切被工作占據時，問題就大了，你會沒有時間培養興趣，或者跟同事以外的人交流。心理學家提出「糾結」（enmeshment）的概念，意味著界線模糊，忽視個人認同的重要性[8]。當你完全陷入工作中，你就成了工作的代名詞，很容易過勞和面臨職涯危機，喪失職場以外的個性。

行動建議：做快樂的小事，讓自己微笑

這個構想源自尼爾・帕斯瑞查（Neil Pasricha）的部落格，叫做「一千件超棒的事」（1000 Awesome Things）。2008 年他經歷人生低谷，不僅婚姻告吹，還面臨好友自殺，於是他創立這

個部落格。每一個工作日，刊登一件超棒的小事，連續做一千日，這些事情包括睡到新床單，或是品嘗小時候愛吃的食物（大家可以前往 www.1000awesomethings.com 觀看）。

在下一頁的空格裡，填入你心目中快樂的小事，最好是免費或者不用花大錢，比方莎拉想到喝咖啡、參觀國家信託基金會的花園、讀小說，海倫喜歡做菜、泡澡、聆聽詩刊的播客。接下來換你了，記錄你目前正在做或忘了做的小樂事。

令你微笑的小樂事	正在做或忘了做？

這項練習能讓你一目了然,現在你在工作以外的領域,到底有沒有用心耕耘,還是直接擺爛。你可能會想起你已經有陣子沒做自己喜歡的事情了,或者驚覺工作占用你太多時間,已經到了傷害健康的地步。

> 自問自答——有沒有工作以外的其他領域是值得我投入的,能讓我常保正向積極的心情?

第二部分:如何化逆境為行動力

每個人對逆境的回應不同,取決於個性或逆境的性質。如果事情沒有按照計畫走,何不趁這個機會,做一次澈底的逆境稽核呢?逆境稽核可以讓你一下子就明白當下的挑戰是什麼情況。這個練習很短,頂多五到十分鐘,下面有一些範例供你參考。

如果只想著恐懼,就沒有餘裕去關注事實。
——漢斯・羅斯林
(Hans Rosling)

逆境稽核	
只用一兩句話，描述我遭遇的情況。	範例：我的團隊正在重整，不曉得這對我的工作有什麼影響。
這個情況有多麼出乎意料？我有沒有想過會發生這種事？	範例：一整個驚訝，完全沒想過！
這個逆境給我似曾相識的感覺嗎（有沒有遇過類似的事情）？還是我從來沒有經歷過？	範例：我曾經失業過一次。
我目前人生其他層面，是不是也困難重重呢？	範例：工作以外的生活，目前還算順利。
接下來會發生什麼事？	範例：星期五要跟主管開團隊會議，主管會宣布後續發展。

　　做完逆境稽核後，你的思緒會更清楚，完全掌握當下的實際情況。人面對逆境，一想到職涯現況和未來發展，難免會感到無力和恐懼，這時候容易遺忘或迴避事實。事實可能是你不同意或你不樂見的，但心裡仍要有個譜，你才知道該怎麼行動呀！接下來，我們來調整自己對逆境的反應，然後把覺察化為行動。

✴ 逆境反應

　　你是思想家還是行動派呢？這決定了你對逆境的回應。思想家傾向釐清現況，腦海浮現的第一個問題，可能是「為什麼會發生這種事」。行動派比較傾向行動，劈頭就問「接下來該怎麼做」。除了做逆境稽核，下一頁還有自問自答。大家先閱讀下一頁的表格，這樣當你回答問題時，會有更多反思。

自問自答—面對這種情況，我的第一個反應是什麼？

自問自答—這些反應對我有什麼幫助呢？

自問自答—這些反應對我有什麼害處呢？

自問自答—我可以從不同反應的人身上學習到什麼？

韌性反應			
	可能會有的反應	對我有利	對我不利
思想家	我必須搞清楚，哪裡出了問題。 為什麼會發生這種事（發生在我身上）？ 我需要時間思考一下，了解整個情況。	我承認自己的情緒，毫不迴避。 我試著用別人的觀點看事情，讓我理解更透澈。 我可以同理那些跟我有類似處境的人。 我反省過去，未來就不會重蹈覆徹。	我會陷入負面情緒，例如憤怒、挫敗、失望。 除非我發現「正確」答案，否則不會貿然行動。
行動派	我可以怎麼補救？ 我今天可以採取什麼行動？ 誰可以幫我釐清思緒？	我關注自己能夠掌控的事情。 我相信情況會愈來愈好。 我想知道現在還可以做些什麼。	先反應，再思考。 我迴避／忽視不好處理的情緒。

✦ 架起逆境和行動的橋梁

既然你已經釐清目前的逆境了，就可以開始思考後續的行動。我們會介紹兩種練習，都有「心理時光旅行」的成分。時光旅行是一種實用的自我教練技巧，尤其是你不滿意現在的狀態。我們先回顧過去，找出對你有用的方法，接著再想像未來，激勵你立即行動。

✳ 回顧過去的逆境

回顧過去的經驗,有三個好處:

1. 想起過去克服逆境的經驗,你就會相信自己,這次也可以成功度過。

2. 想起過去的逆境,回過頭看現在,就會發現值得感恩的事,激勵正向思考。

3. 回顧自己怎麼走出逆境,有助於思考現在的對策。

> 說到時光旅行,穿越到過去,特別迷人。穿越到未來,大家每天都在做,有一定的限度,所以,我還是喜歡回到過去。
> ——史蒂芬·莫法特(Steven Moffat)

列舉三個你走出逆境的例子,盡可能涵蓋不同的逆境,這樣你就可以從過去的職涯中學到各種經驗。

走出逆境的例子	
莎拉	① 不僅升遷失敗,還可能失業 ② 期待已久的專案突然被取消 ③ 請產假
海倫	① 工作和進修兩頭燒 ② 難搞的主管 ③ 帶領下屬進行組織重整

自問自答─我過去有沒有走出逆境的例子呢？

例子：＿＿＿＿＿＿＿＿＿＿＿＿＿＿＿＿＿＿＿＿＿＿

自問自答─針對每一個例子，列出我做過哪些讓自己有進步的行動。

我的行動：＿＿＿＿＿＿＿＿＿＿＿＿＿＿＿＿＿＿＿＿

自問自答─過去學到的經驗，對我有什麼幫助？

我的學習：＿＿＿＿＿＿＿＿＿＿＿＿＿＿＿＿＿＿＿＿

✳ 想像可能的選項

你心目中的未來，至少會有一個版本，比你現在的情況更美好吧！現在，寫下幾個未來願景，給你滿滿力量。

> 人生少了想像或做夢，對未來前景就不會有期待，畢竟，做夢的時候，也是在規畫未來。
>
> ──格洛麗亞・斯泰納姆（Gloria Steinem）

＿＿＿＿＿＿＿＿＿＿＿＿＿＿＿＿

＿＿＿＿＿＿＿＿＿＿＿＿＿＿＿＿

「過去是我們的老師，
但不是我們的主人。」

艾德・卡特姆
（ED Catmull）

為了激發想像，不妨思考下列問題：

⇨什麼是你心目中最美好的未來？
⇨什麼是你遙不可及的夢想，因為你不知道該如何實現？
⇨什麼是你曾經有過的人生抱負，現在還可以努力看看？
⇨什麼事情會給你鼓舞呢？

✳ 想像我的選項：列出各種版本的未來

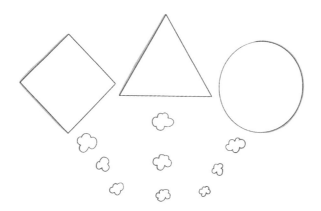

我的未來——版本 1：_____

我的未來——版本 2：_____

我的未來——版本 3：_____

✳ 痴心妄想 vs. 思考下一步

想像各種可能的未來，是一件有趣的事情，難就難在該如何跨出下一步。紐約大學心理學教授嘉貝麗・厄丁頓（Gabriele Oettingen）花了 20 年研究人類的動力，結果她發現想像未來前景是一件重要的事，但是有一個前提，那就是事先預想好一路上可能面臨哪些險阻，這樣我們才有辦法設法克服[9]。換句話說，同時看見前景和問題，稱為心智比對（mental contrasting）。下面這個練習，協助你放下痴心妄想，更務實地思考下一步可以怎麼做。心智比對的練習最好重複做幾次，列出務實的行動清單，絕對會幫助你走出逆境。

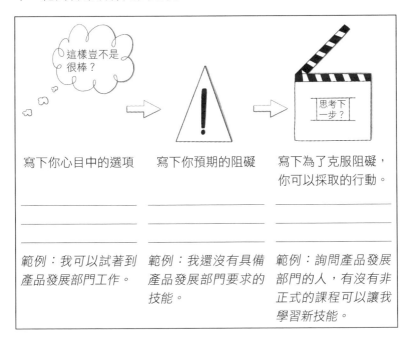

寫下你心目中的選項

寫下你預期的阻礙

寫下為了克服阻礙，你可以採取的行動。

範例：我可以試著到產品發展部門工作。

範例：我還沒有具備產品發展部門要求的技能。

範例：詢問產品發展部門的人，有沒有非正式的課程可以讓我學習新技能。

　　最後我們想提醒大家，走出逆境並沒有最理想的方法，沒有人會永遠正確，每個人在職業生涯中，總會面臨阻礙，就連麥可·喬丹（Michael Jordan）也不例外，他曾經說過：「阻礙，阻止不了你的。前方有一道牆，千萬別轉頭放棄。你可以想想看，該如何爬牆、穿牆或打牆。」

向專家取經：卡哈爾·奧德拉（Kajal Odedra），現任請願網站 Change.org 的總監，著有《做些什麼吧》（*Do Something*）

人天生就會互相幫忙。
海倫·凱勒說過：「一個人能做的不多，但一群人可以創造無限可能。」

自我教練的難題：我自己也知道我應該求助，但我擔心開了口，別人會怎麼看我，搞不好會認為我應該靠自己。該怎麼辦才好？

專家的答案：我也不太敢開口求助，但只要我鼓起勇氣去求助，總會慶幸自己有開口。

人天生就會互相幫忙

有人上門求助,誰不喜歡呢?試著回想一下,當別人開口要你幫忙,你可能受寵若驚,覺得自己很榮幸可以成為求助的對象。人是社會性的動物,總希望人生有意義。科學研究顯示,對別人付出,竟然跟飲食和性愛一樣,可以活化相同的腦區!科學實驗還發現,利他行為早已根植於人腦,而且會令人開心。一般人怕開口求助,擔心留給別人脆弱的印象,怕別人會以為自己一無所知。事實上,人不可能什麼都懂,一生中總有需要幫忙的時候。最聰明的人,總是知道自己哪裡不懂,也願意去搜尋必要的資訊。

壓力暗潮洶湧

我從事社會運動,偶爾會感覺一個人孤軍奮戰。就算有很多親朋好友支持我、深愛我,可是做決定和向前走的人依然只有我自己。一部分的壓力來自於自我懷疑,不確定自己做的決定或方向對不對,你可能沒意識到壓力,可是自我懷疑的壓力就潛伏在檯面下。這種低度的壓力其實會累積,累積到最後你就生病了,我就是這樣。我頓時明白,壓力的源頭在於我把太多責任攬在身上,於是我找了一位職涯導師,給我建議和引導,運用他個人的經驗和人脈,提供我必要的支持。職涯導師會一邊支持你,一邊挑戰你,一路上幫助你成長。最重要的是,職涯導師也是你的啦啦隊,兼具專業和權威,讓你知道是不是走在對的路上。

開口求助

　　找職涯導師，不妨考慮三種人：一是跟你類似職業的人，二是經歷比你更豐富的人，三是你尊重或崇拜的人。直接開口問對方！你想建立怎樣的關係，盡量説清楚，例如每個月見面一小時，或者跟對方一起腦力激盪。反正，最壞的結果不外乎對方太忙了，或者現階段不適合當導師，但至少已經建立關係，對方説不定會提供其他協助。有人邀請自己當導師，代表自己有經驗或權威，是一件值得開心的事情，所以大家要勇敢開口；記住了，你這麼做是在讚美對方喔！

　　找到職涯導師後，你必須負責後續的準備工作，因為導師已經付出時間和智慧，而你要主動敲定時間，想好討論的題目和主題。你付出愈多，收穫就會愈大。向職涯導師求助，心情輕鬆多了，因為有固定的見面時間，不用再刻意鼓起勇氣，找人重新建立正式的關係。大家都有一點害怕求助，但是別忘了，單打獨鬥是成就不了大事的。

◆COACH 教練架構

有了 COACH 教練架構，你可以統整第二章到目前為止，你所有的想法和反思，克服你目前在職涯的挑戰。花一點時間統整你的見解，你會更清楚自己的行動，對自己更有信心，爭取必要的支持。平常多練習 COACH 教練架構，未來在職涯或工作面臨挑戰，大多可以克服。

COACH

清晰（Clarity）：你在自我教練的過程中，面對什麼考驗？

選項（Options）：你看到什麼選項呢？

行動（Action）：你會採取什麼行動呢？

自信（Confidence）：你相信自己會完成這些行動嗎？

求助（Help）：為了通過這些考驗，你需要什麼幫助呢？

◆摘要

韌性：如果事情不按計畫走，該如何應變？
「如果一切都很完美，你永遠學不到東西，永遠無法成長。」 碧昂絲・諾利斯（Beyoncé Knowles）

為什麼需要自我教練？	自我教練的觀念
成功之路，絕非一條直線；無論位階多高，資歷有多深，都會面臨逆境。	韌性儲備：持續培養韌性，等到有需要的時候，就可以派上用場。
培養韌性是每一天都該做的事情；而不是等到考驗來了，才臨時抱佛腳。	韌性力：你適應各種逆境的能力，比方日常的挫折或人生的巨變。

教練工具

評估你的韌性	想像可能的選項

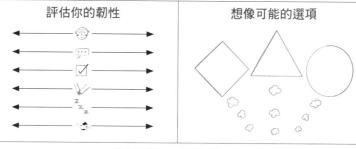

痴心妄想 vs. 思考下一步

自問自答：
1. 該如何培養韌性，發展我目前這份工作？
2. 該如何記錄我每個月的小成就？
3. 我面對困境的反應，對我有利還是有害？
4. 我過去度過難關，有沒有從中記取教訓，反過來幫助現在的我？
5. 如果事情發展不順利，誰可以幫忙我？

播客	免費下載
收聽「迂迴而上的職涯」（Squiggly Careers）播客節目，第 143 集的嘉賓是商業人士瑪莎·連恩·福克斯（Martha Lane Fox）	www.amazingif.com

「無論人生有什麼遭遇，
都要發揮創意。
創意是韌性的引擎。」

伊莉莎白‧吉兒伯特
（Elizabeth Gilbert）

「我們唯一要決定的，
就只有如何安排時間。」

作家，J·R·R·托爾金
（J.R.R. Tolkien）

CH.3
時間

如何掌握你的工作時間

✳ 時間：為什麼需要自我教練？

1. 如果大家在瞎忙，怎麼可能會知道有沒有善用時間呢？自我教練就可以協助你擺脫瞎忙，提升工作品質。

2. 工作和生活的界線逐漸模糊，如果再繼續奢望完美平衡，生活反而會失衡。最好把心力放在評估各種選擇，妥善安排時間，以屬於你自己的方式，搭配工作和生活。

✳ 擺脫瞎忙

每次有人問：「最近工作怎麼樣？」我們總是回答：「忙！」忙碌是公認的工作狀態，也是大家追逐的目標。「炫忙」（Busy-bragging）的心態，甚至影響到我們對身分地位的看法（無論是看待自己或別人）。最近研究發現，受訪者觀看兩篇

當心別過著庸庸碌碌的人生。
——蘇格拉底

社群媒體的貼文，其中一篇吹噓自己很忙，另一篇聊到休閒時間，受訪者認為大忙人的地位比較高[10]。過著忙碌的人生，行動滿檔，已經成為榮譽勳章和成功標誌。

　　忙碌不等於善用時間。忙碌會導致行為學家所謂的「管窺效應」（tunnelling），只關注眼前不要緊的事項，會降低工作品質（在這種狀態下，智商也會下降），落入「時間稀缺陷阱」。當我們一直處於滅火模式，怎麼可能有辦法展開策略思考，來避免管窺效應呢？總體來說，管窺效應指的是當我們感到壓力，覺得時間不夠用……注意力和認知頻寬會縮小，害我們變得像隧道一樣[11]。擺脫瞎忙，是為了提升工作滿意度，感覺自己「有把事情做好」。誠如《深度工作力》（Deep Work）作者卡爾·紐波特（Cal Newport）所言，「少做一點，做好一點，搞清楚自己為什麼要做。」

✴ 搭配工作和生活

　　工作和人生其他層面的界線，近年來趨於模糊。拜科技所賜，我們可以把工作帶到任何地方做，卻催生了隨時待命的文化。蒂芙尼·詹金斯（Tiffany Jenkins）在《新哲學家》（New Philosopher）雜誌，寫過這樣一段話：「明明下班了，卻還是不下

時間管理一詞，根本就說錯了！我們應該先管好自己。
——商界人士，史蒂芬·柯維（Stephen Covey）

班。」

如果我們還以為，工作跟生活就應該「平衡」，這種想法早已不合時宜了，無法反映工作在現代人生活的比重。現代人不懂得搭配工作和生活其他層面，比以前的人更容易過勞。世界衛生組織（WHO）列出三種過勞的症狀[12]：

1. 感到精神耗盡或精疲力竭。
2. 跟自己的工作失去連結，或對自己的職涯有負面看法。
3. 生產力降低。

如果有類似的症狀，你並不孤單。蓋洛普調查發現，三分之二的全職勞工都曾經工作過勞[13]，這會傷害自信、工作表現和健康（過勞的員工請病假的比率也增加 63%）。

與其追求「平衡」，更好的方式應該是將工作以適合自己的方式，搭配在生活各個層面，有時候稱為「保持工作和生活的彈性」，這對於千禧世代特別有吸引力（職場上最年輕的族群），有時候他們為了追求這個目標，寧願搬到另一個國家工作去，領取較少的薪資[14]。

✷ 你的工作時間：花在刀口上？還是浪費了？

「時間」是最常用的英文名詞，可見時間在我們心中的分量。一般人一生中平均花 9 萬小時工作[15]，現代人的工時愈來愈長了，加上延後退休，這數字想必還會再增加。大家每天擁有的

時間相等，不可能買到或生出更多的時間。想想看，你大部分的工作時間，都是怎麼度過？通常腦海中最先浮現的是開會和回信。我們每天平均至少會接到120 封信[16]，工作日有大半的時間，都在開會中度過，比起 1960 年代增加 13

重點並不是人生短暫，而是我們浪費太多時間。
——哲學家，塞內卡（Seneca）

小時，增幅相當於 130%以上[17]。三分之二的人抱怨工作做不完，卻把一堆時間耗在無濟於事、且做了也不會更加肯定自己的事情上[18]。

✳ 時間管理的迷思

先介紹幾個混淆視聽的迷思，我們再來思考，怎樣管理時間對自己最好。

迷思一：反正有時間管理 App

現在有很多科技可用，怎麼可能少了時間管理 App？打開應用程式商店，一下子就查到無數 App，號稱有時間管理效果。就算這些工具真的有用，也不可能改變你運用時間的方式。透過自我教練學會掌握時間，雖然有挑戰性，卻可以找到適合你的答案。

迷思二：多就是好

時間管理感覺起來，好像是設法提高產出，早一點起床，調成二倍速聆聽播客節目，趁開會的時候做別的事，然而，如果用

產出來衡量時間管理，永遠沒有滿意的一天（只會把自己累死！）我們的注意力必須從產出轉移到結果，「產出」是多做一點工作，「結果」是把工作做好一點。

> 時間管理和工作管理有一個根本的差異：工作是無限的；時間是有限的。你應該問自己「我要做什麼？」而非「我要怎麼安排時間？」
>
> ──詹姆·柯林斯（Jim Collins）

迷思三：成功的奧祕

我們會好奇別人怎麼安排時間，一來是因為窺探別人的世界還滿有趣的，二來是想要複製別人成功的「奧祕」。我們聽到某某執行長說，每星期閱讀一本書，於是下定決心從現在開始我也要仿效他。有一次，我們訪問成功創業家的一天，結果就開始質問自己，「為什麼我沒有每天冥想一小時？」窺探別人的生活，到頭來只會擔心，自己是不是遺忘了什麼神奇公式。然而，為了妥善安排時間，不可能把別人的方法複製貼上，因為每個人都不一樣，最重要的是找到適合你的。

✷ 打破思考陷阱，獲得正向激勵

打破思考陷阱，注入正向激勵，揪出你想法背後的前提假設，把你的自我教練風格變得更開放樂觀。

⇨時間要怎麼安排，不是我說了算。
⇨我每天有一堆會議要開。
⇨我的工作時間太少，工作做不完。
⇨別人比我還要會安排時間。
⇨我的時間沒花在刀口上。

現在把思考陷阱轉為正向提問，放下前提假設，進而探索不同的選項和可能性。

思考陷阱：時間要怎麼安排，不是我說了算。
正向提問：我在生活其他層面，如何妥善安排時間呢？

思考陷阱：我每天有一堆會議要開。
正向提問：我不參加會議的話，還有什麼方法可以跟同事討論或參與專案呢？

思考陷阱：我的工作時間太少，工作做不完。
正向提問：怎麼請主管幫忙，重新調整我的工作排序？

思考陷阱：別人比我還要會安排時間。
正向提問：我有哪些管理時間的特點，能讓其他人感到欽佩？

思考陷阱：我的時間沒花在刀口上。

正向提問：面對那些影響我時間安排的人，我該如何表達自己的需求？

我的思考陷阱

_____

我的正向提問

_____

✳ 如何靠自我教練，妥善運用時間

現在教大家透過自我教練，學會善用時間。第一部分探討今日時間安排，在有限的工作時間內提升工作品質。看完第一部分，就可以學會：

⇨ *對你來說，什麼是善用時間？*

⇨ *如何做時間的取捨？*

⇨ *如何找到心流？*

⇨ *如何避免分心？*

接下來，第二部分探討如何搭配工作和生活，以及掌握你所擁有的時間。你可以學會：

⇨怎樣搭配工作和生活，對當下的你是最好的？
⇨如何巧妙搭配生活的各個層面？
⇨如果工作和生活搭配得不好，該怎麼辦呢？

最後一部分會分享十大時間管理術，讓讀者有機會試一試，我們也邀請格雷厄姆・奧爾科特（Graham Allcott）提供專業建議，他會分享如何別讓會議占滿每一天。

第一部分：你對於時間有什麼感受？

學習時間管理術之前，最好先回想一下，你對於今天的時間安排，有什麼看法呢？

下面是評分表，今天你對時間的掌控程度，會給自己打幾分？

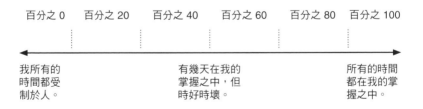

百分之0	百分之20	百分之40	百分之60	百分之80	百分之100

我所有的時間都受制於人。　　　有幾天在我的掌握之中，但時好時壞。　　　所有的時間都在我的掌握之中。

現在來進行自問自答：

自問自答─把我的時間看成一個人，我會如何描述他
（例如冷靜、鎮定、慌亂、壓力大、有效率、專注）？

自問自答─何時我會覺得時間過得特別快？

自問自答─何時我會覺得時間過得特別慢？

自問自答─我今天跟時間的關係怎麼樣？

希望多一點覺察嗎？瀏覽下面的句子，哪一些句子貼近你的
感受呢？用筆圈出來。我們還預留幾個空格，如果有想到別的句
子，你可以再另外寫上去。

✳ 你對於工作時間有什麼感受？

措手不及
工作時間不夠，事情做不完。

困獸之鬥
我被時間控制了，而非我在控制時間。

內疚
我把時間浪費在錯誤的事情，或者無關緊要的事情上。

失控
我的時間掌握在別人手上，而非我手上。

掌握之中
不盡完美，但我可以自己安排時間。

正向積極
我盡量用適合自己的方式安排時間。

有效率
我不會把時間浪費在無謂的事情上。

別人會評斷我
別人似乎不贊同我的時間安排。

花在刀口上
我的工作時間花得有意義。

過勞
大家對於我每天的工作量期待過高。

壓力
現在的工作方式不適合我。

蠟燭多頭燒
我蠟燭多頭燒，真希望我有分身！

我感覺……

我感覺……

我感覺……

　　我們對工作時間的感受一直在變動，難免會有幾個星期讓你感覺超出負荷或失去控制。不妨覺察一下，你對於工作時間最常有的感受是什麼？有哪些感受是你熟悉的？反覆出現的？進入新的內容之前，先來自問自答，你希望工作時間給你什麼樣感受？試著描述你心目中最理想的時間安排。

自問自答—我希望工作時間給我什麼感受？

對我來說最理想的工作時間安排

　　現在你對於自己的時間安排，終於有初步的認識，接著來學習實用的工具幫助你更加清楚時間花到哪裡去，可以做哪些取捨。

✷ 你的任務：時間占比

　　這項練習可以幫助你快速明白今天的時間花到哪裡去，以及未來可以做哪些調整。你不必百分百精確，也不必把每分鐘記得清清楚楚，如果你願意的話，大可試試看 Toggl 或 myhours.com 之類的 App。

步驟一：回想你今天的工作，你負責哪些事項？分別占用你多少的時間？估計一下占比。

我的工作項目：時間占比	
工作事項	時間占比（％）
範例：行政、專案、學習、討論、規劃、回信	行政（10％）、專案（40％）、學習（5％）、討論（20％）、規劃（5％）、回信（20％）

步驟二：參考表格的數字，翻到下一頁，畫出第一張圓餅圖。今天的工作時間安排，不就一目了然？

步驟三：第二張圓餅圖，畫出你心目中理想的時間占比。

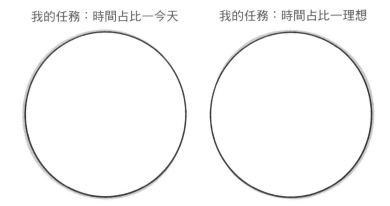

我的任務：時間占比─今天　　　　我的任務：時間占比─理想

步驟四：哪些工作事項是你想要多花一點時間進行，哪些是你想花少一點時間或維持不變呢？統整在下面的表格。

我的工作時間		
多花一點時間	少花一點時間	維持不變

✳ 時間取捨

　　大家在調整時間安排常犯的一個錯誤，就是忘記或忽略自己有哪些選項。如果有一件事情，你想多花一點時間執行，那麼這時候有兩個選擇：一是縮短你做其他事的時間，二是拉長工時。但是第二個選擇不討喜也難以維持，所以我們要懂得做「時間取捨」，其中一個方法是「如果／那麼」的句型。

✳ 套用「如果／那麼」的句型

　　做時間取捨，一定要思考選擇和後果。當你套用「如果／那麼」的句型，可以站在自己和別人的立場思考，然後採取必要的行動。「如果／那麼」的句型究竟要連用幾次呢？沒有硬性規定，反正就是一直連用，直到你想清楚下一步為止。下面有範例，你看了就知道怎麼操作，最後附上空白的模板供你自由練習。

範例一：
　　如果：我想在簡報多花一點時間。
　　那麼：我只好在團隊協調會議少花一點時間。

　　如果：我想要在團隊協調會議少花一點時間。
　　那麼：我需要徵求主管的支持。

　　如果：我想要徵求主管的支持。
　　那麼：我必須找同事分攤團隊協調會議。

如果：我希望有人跟我分攤團隊協調會議。

那麼：我必須想一想，有誰可以從團隊協調會議累積經驗和能力。

我的行動：最近我們團隊有新成員加入，詢問他有沒有興趣跟我一起籌備團隊協調會議。

範例二

如果：我想多花一點時間，培養新的工作技能。

那麼：我必須縮短目前工作的時間。

如果：我想要縮短目前工作的時間

那麼：我必須想一想，有哪些工作可以暫停或暫緩。

如果：我想知道哪些工作可以暫停或暫緩。

那麼：我必須回顧我做的每一件事，找出最重要的事。

如果：我想回顧我做的每一件事，找出最重要的事。

那麼：每逢星期五，我要花半小時回顧過去五天，找到重新安排時間的機會。

我的行動：全盤評估我的時間安排，找出可以暫緩的工作事項，每星期至少要騰出一小時，讓我學習新的工作技能。

「如果／那麼」句型	
我的時間權衡：	
如果	
那麼	
如果	
那麼	
如果	
那麼	
如果	
那麼	
我的行動：	

✳ 時間取捨

> 「只做最重要的事！次要的事情，千萬不要做，
> 否則你什麼事都做不好。」
> 管理大師，彼得‧杜拉克（*Peter Drucker*）

　　時間取捨是為了調整時間安排，你必須提高工作時間的品質，接下來分享幾個浪費時間的壞習慣。

　　1. 找不到自己的心流。
　　2. 攬太多事情在身上。
　　3. 難以專注，所以無法進步。

　　大家都會有這些壞習慣，但可能其中一個特別嚴重。我們將會依序介紹，協助你做時間取捨，提升工作時間的品質。

✳ 浪費時間的壞習慣 1：找不到自己的心流

　　把「心流」的觀念應用到職場，可以提升創造力、生產力和幸福感。如果你知道沉浸在心流是什麼感覺，就會更主動尋找心流，把工作的時間花得更有價值。心理學家米哈伊‧奇克森特米（Mihaly Csikszentmi）在《心流》（*Flow: The Psychology of Optimal Experience*）一書，主張心流是對某件事太投入，以致其他事看似不重要。這聽起來不容易，卻很美好，我們會處於「極佳的狀態」，完全沉浸在於自己正在做的事情，一整個忘記時間過了多久。工作要求太多，我們不可能永遠處於心流，但如果讓自己陷於其他三種能量狀態，恐怕會感到無聊、難以學習或壓力大。

✳ 四種能量流動狀態

我的能量狀態

回想你今天工作的能量狀態，哪一個類型占用你最多／最少時間呢（1＝最多，4＝最少）。

自動模式 ＿＿＿＿＿＿＿＿＿

乏味模式 ＿＿＿＿＿＿＿＿＿

盡力模式 ＿＿＿＿＿＿＿＿＿

心流模式 ＿＿＿＿＿＿＿＿＿

＊ 心流的因子

為了增加工作中的心流時間，有三個值得努力的方向：

1. 加強心流。
2. 打擊心流的敵人。
3. 找到共創心流的朋友。

＊ 1. 加強心流

要怎樣才會容易產生心流呢？有明確的目標，有挑戰性的工作，經常獲得意見回饋，滿意自己的工作。大家不妨主動出擊，讓自己的職場滿足這四個大條件，就可以刻意加強心流！下面教大家如何創造心流的條件，還有一些自問自答的好問題以及行動建議，你絕對會找到更多心流。

✳ 創造心流的條件

> ## 有意義的目標

你手上的專案或任務，必須是你百般投入、由衷認為有意義。你知道自己為什麼要做這件事。

自問自答──未來三個月，什麼是我工作的動力呢？

行動建議：記住你的目標

當你忙著處理專案或執行任務時，最容易忘記自己的目標，這樣恐怕會拖累進度，甚至妨礙心流。有一個實用的方法可以提醒你，讓你永遠忘不了目標。把目標寫下來，放在你每天開工前一定看得到的地方，比方寫在筆記本每一頁正上方，或者打在簡報的第一張幻燈片。

> ## 有難度的工作

工作讓你有機會發揮長才，施展本領。這樣子的工作，必須

「在可以勝任的範圍，但仍有一點難度」。

自問自答——我該如何施展本領，朝著目標邁進呢？

行動建議：讓腦袋呼吸

做有難度的工作，偶爾會覺得難如登天，尤其是當你剛接下新專案，可能會頑強抵抗或者心灰意冷，甚至想打退堂鼓。這些感覺看似跟心流相反，但是你放心好了，這就是尋找心流的必經過程。在這個階段，最好休息片刻，活動一下筋骨，例如去散步、種花草、做呼吸練習。做這些事情，腦袋會釋放一種化學物質，稱為一氧化氮，可以紓解壓力，恢復平靜，讓心情還不錯。給自己和腦袋休息的時間，等你重返工作崗位，就會更容易找到心流。

經常聽到別人的
意見

經常聽到別人的意見，才知道自己進步了多少，以保持專注力和動力。

自問自答—我可以徵求誰的意見，讓我走在正確的道路
上，持續實現目標？

行動建議：「哪裡有做好？」、「哪裡可以做得更好？」

　　最簡單直接的問法，就是「哪裡有做好？」、「哪裡可以做
得更好？」如果你跟三個人一起做專案，大家可以事先說好，每
個星期五坐下來討論下星期「哪裡還可以做得更好」。這兩個問
題，也適合自問自答。自己的進步，交給自己來掌握。

個人榮譽

　　把工作做好，會感到滿足和喜悅，所以要肯定自己的進步和
收穫。

自問自答—說到你的目標，怎樣才稱得上把工作做好？

行動建議：榮譽卡

如果想在專案或任務中，肯定自己的收穫和成就，不妨創造具體看得到的東西（難怪大家還是很愛證書或獎牌），在榮譽卡寫下簡短的句子，回顧你完成的事蹟，大力讚揚一番。如果是整個團隊共同完成的，在大家實現目標的那一天，寫榮譽卡給其他成員。下面提供簡單的「榮譽卡」範本，你大可發揮創意，善用 Canva 設計網站，設計屬於你自己的數位榮譽卡！

接下來第二個面向是為了保持注意力和專注力，有助於尋找心流。至於第三個面向，我們會探討注意力下滑，教大家如何防範，敬請期待。

✴ 2. 打擊心流的敵人

　　環境是你找不找得到心流的主要因素。有人覺得聽音樂可以放鬆心情，有人覺得會分心。有的人喜歡在雜亂的環境工作，可以激發創意，有的人偏愛整潔的辦公桌。因此，我們必須想清楚，怎樣的工作環境會刺激自己的心流，如此一來，就可以打擊心流的敵人啦！每個人的答案都不一樣。成功的關鍵，在於反省目前的工作環境，設法創造合適的空間，加強心流。

　　自問自答—在什麼樣的工作環境，你最容易進入心流的境界？

　　自問自答—如何消除心流的敵人呢？

行動建議：評估能量和環境

　　花一個星期評估你工作的能量和環境。方法很簡單，每次完成一份工作（例如開完會、討論完畢、做完一件事），隨即記錄你能量的高點、中點和低點，以及你分別身在什麼環境中。連續觀察五天，找出你的能量高點，回顧當時的工作環境。你可能會發現有一天出現能量高點，是因為工作方式跟以往不同，或者換了工作時間。你沒必要隨時進入心流境界，但如果是最重要的工

作，你不妨善用這項評估工具，調整工作環境，助長心流。

✴ 3. 找到共創心流的朋友

　　尋找心流，不是一個人的專利。互賴的心流發生在你跟志同道合的人一起做事情的時候，這比起自己工作，更能夠助長心流的週期呢！集體心流的感受，比起個人心流的感受，能創造更多的喜悅和獎勵。所謂共創心流的朋友，可能跟你同一間公司，或者不同間公司，也可能來自你的副業或志工團體。

自問自答——哪些人跟我志同道合，有相同的目標呢？

自問自答——如何調整合作方式，共創更多心流呢？

行動建議：追隨你的興趣，找到志同道合的人

　　找到共創心流的朋友，聽起來不容易，令人退避三舍，尤其是一些性格內向的人，像莎拉就是這樣。既然這樣，不妨從自己的興趣下手，更有機會結交共創心流的朋友。有一些社團邀集來自四面八方且志同道合的人一起共創心流。舉例來說，倫敦作家沙龍，每天有一小時的共同寫作時間，任何人都可以參加。造反書友會（Rebel Book Club）則是從閱讀和學習找到心流。

如何尋找更多的心流？
我可以做什麼事情，提升自己進入心流境界的時間：

✴ 浪費時間的壞習慣２：攬太多事情在身上

一九七四年，威廉・翁肯（William Oncken）和唐納德・華斯（Donald Wass）兩人，在《哈佛商業評論》發表一篇熱門文章，叫做〈時間管理：誰背了猴子？〉（*Management Time: Who's Got the Monkey*）[19]，這裡所謂的「猴子」，就是你該做的工作。每天去上班，有很多工作要忙，如果還把別人的事情攬到自己身上，再加上自己本身的工作，時間管理就更難了。之所以會如此，是因為我們可能承受別人委託我們做的事，或者我們為了營造樂於助人的形象而主動幫忙，結果攬了更多工作，卻沒有那麼多時間處理。

下一頁列舉「攬事情」的情境，建議大家如何處理。

管好你的事情			
別人的事情	攬事情	怎麼說比較好？	自問自答
🐵 主管交代你新工作，要在星期五完成	「好，沒問題，我會準時完成。」（恐怕要熬夜好幾個晚上）	「好，我可以幫忙，但我們先討論輕重緩急，找出這星期最要緊的事情。」	如何跟主管討論事情的輕重緩急？
🐵 有人卡關了，得知你做過類似工作，想請你幫忙。	「好呀，樂意之至，我乾脆幫你做一做吧？」	「我當然可以幫忙。說說看你的進度，我們再一起想辦法。」	如何幫助別人自救？
🐵 會議中，有人請你幫忙某件事（通常會一陣尷尬）	「我可以，沒問題！」	有時候，無聲勝有聲，學會運用暫停的力量吧。 如果你做不到，試著這樣說：「我願意，可是我就沒時間做 X 了，先來討論一下，哪件事比較緊急？」	我願意妥協到什麼地步，付出自己多少時間呢？

管好自己的事：自問自答

🐵 把別人的事攬在身上，給我什麼感覺？

_____

🐵 我把別人的事攬在身上的頻率有多高？

_____

🐵 我如何把心力貫注在自己的事情上？

_____

✴ 浪費時間的壞習慣 3：注意力下滑

生活中總會遇到一些事，不停瓜分我們的注意力：手機通知、即時訊息、電子郵件、社群媒體。這些令人分心的事情，暫時會刺激人體分泌的多巴胺，難怪我們會受到吸引，可是分心的後果非同小可！每天平均消耗我們三小時，這代表什麼呢？我們做事的時間會拉長 27%[20]。

此外，分心會降低工作的品質，因為我們的腦袋不擅長切換背景，例如一邊盯著手機通知，一邊寫簡報，我們以為自己一心多用，但其實腦袋正忙著快速切換。當腦袋處於「波動的狀態」，生產力絕對會降低。

行動建議：增加摩擦力

分心的時候，絕對做不好工作，但光有覺察還不夠，因為分心是難以戒掉的壞習慣。最好列出令你分心的壞習慣，提醒你自己要「戒掉」。下一頁列舉最常見的分心事，你瀏覽一遍，圈出心有同感的選項，最後預留了幾個空格，讓你填寫自己的分心事。接下來是自問自答，答案盡量寫明確一點，不要只寫「社群媒體」，而是仿效莎拉的寫法，「不要急著回覆 WhatsApp 的訊息」。

✳ **分心事**

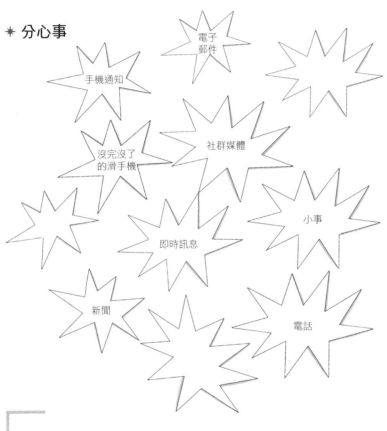

自問自答──什麼事情最容易令我分心？

自問自答──這對我有什麼妨礙？

自問自答──如果我放下分心事，對我有什麼好處？

現在想辦法增加摩擦力，來避免自己分心。一來降低分心事對你的吸引力，二來增加你做這些事的難度，例如你忙著處理專案，那就關掉手機通知，或者把手機留在別的房間，又或者登出電子郵件帳號，就不會勾起想看手機的欲望。

自問自答——如何增加摩擦力來降低分心事對你的吸引力，以及增加你分心的難度？

第二部分：搭配工作和生活

到目前為止，我們一直教大家覺察時間安排，包括時間花在**哪些**事情上，以及時間花得**有沒有效率**。到了第二部分，我們要探討如何搭配工作和生活，在分享練習之前，先來比較「平衡」和「搭配」兩種不同的心態。我們一定要放下不切實際的期待，別再奢望「平衡」，而是更務實一點，思考工作在生活中的比重。

從：工作和生活的平衡		到：搭配工作和生活
完美的平衡	➪	互相搭配，但不一定完美
魚與熊掌兼得	➪	做目前最重要的事
我應該	➪	盡力就好
我應該	➪	大家都是凡人

✳ 拍一部工作和生活的紀錄片

　　回顧你目前的生活，有什麼頭條新聞嗎？這些事情為你帶來什麼樣的改變呢？假設你從出社會開始，Netflix 就一直跟拍你，製作一系列紀錄片，那麼你可以思考看看下列這些問題：

　　➪目前為止你總共拍了幾季？

　　➪每一季試著用一個字做結。

　　➪每一季有什麼頭條新聞呢？

　　➪下一季「預告」有什麼內容？（可以跟觀眾賣關子）

　　➪說到工作和生活的搭配，你覺得自己做得如何？

　　下面是莎拉的範例：

第一季：「假裝」
頭條新聞：老是穿黑色，假裝自己很外向，經常打籃網球
工作和生活的搭配：很差／差／尚可／好／很好／棒極了

第二季：「密集」

頭條新聞：搬到倫敦，工時長但樂在其中，展開副業，做志
工，火力全開

工作和生活的搭配：很差／差／尚可／好／很好／棒極了

第三季（目前）：「勇敢」

頭條新聞：失業，成家（很辛苦），跟最棒的夥伴（海倫）一起
創業（創業不久後，就遇到疫情）

工作和生活的搭配：很差／差／尚可／好／很好／棒極了

第四季（敬請期待）：「成長」

頭條新聞：成長，照顧家人和事業

工作和生活的搭配：很差／差／尚可／好／很好／棒極了

　　現在運用右頁的模板，寫出屬於你工作和生活的紀錄片吧！

✳ 我工作和生活的紀錄片

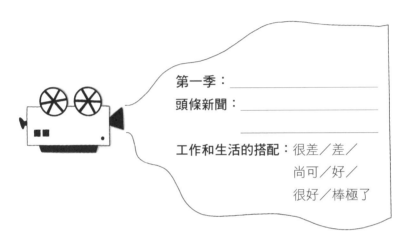

第一季：＿＿＿＿＿＿＿＿

頭條新聞：＿＿＿＿＿＿＿

＿＿＿＿＿＿＿

工作和生活的搭配：很差／差／
尚可／好／
很好／棒極了

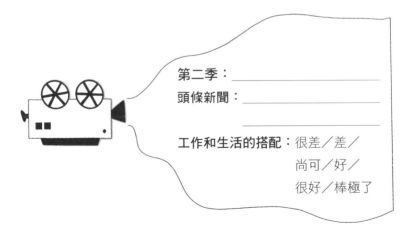

第二季：＿＿＿＿＿＿＿＿

頭條新聞：＿＿＿＿＿＿＿

＿＿＿＿＿＿＿

工作和生活的搭配：很差／差／
尚可／好／
很好／棒極了

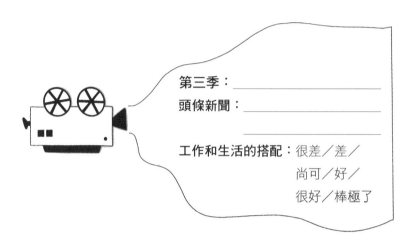

第三季：＿＿＿＿＿＿＿＿＿＿

頭條新聞：＿＿＿＿＿＿＿＿＿

＿＿＿＿＿＿＿＿＿＿＿＿＿＿

工作和生活的搭配：很差／差／

尚可／好／

很好／棒極了

現在參考你的紀錄片，回答下列問題：

自問自答—什麼是我目前生活中最重要的事？

＿＿＿＿＿＿＿＿＿＿＿＿＿＿＿＿＿＿＿＿＿＿

自問自答—我正在上演第幾季？第一季或是準備邁向新
一季？

＿＿＿＿＿＿＿＿＿＿＿＿＿＿＿＿＿＿＿＿＿＿

自問自答—什麼時候我將工作和生活的搭配做到出神入
化呢？

＿＿＿＿＿＿＿＿＿＿＿＿＿＿＿＿＿＿＿＿＿＿

我們衷心希望，拍工作和生活的紀錄片，可以拉大你看事情的格局。你會發現工作和生活的搭配，本來就會隨時間改變，一直在波動。

現在你對於目前工作和生活的搭配情況有了概念。接下來，我們分享精進的技巧，你可以從今天和這星期開始做起，記得每星期都繼續保持。

✳ 拼湊你自己的拼圖

每個人都有好幾塊拼圖，嘗試用自己的方式拼出來。現在花五分鐘，思索你有哪幾塊拼圖，寫在下面（可參考範例）。

我的拼圖

範例：小孩、工作、運動、朋友、另一半、家人、嗜好、學習、個人計畫

不要奢望拼好每一塊拼圖，反之，先找到目前最重要的拼圖，拼好這幾塊就夠了。

回答下列問題：

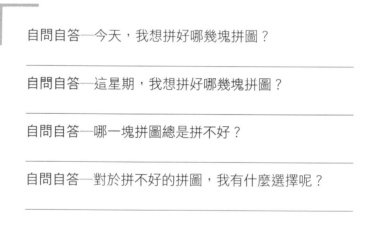

自問自答──今天，我想拼好哪幾塊拼圖？

自問自答──這星期，我想拼好哪幾塊拼圖？

自問自答──哪一塊拼圖總是拼不好？

自問自答──對於拼不好的拼圖，我有什麼選擇呢？

調整拼圖這件事，我們稱為「持續校準」，我們兩人一直都有在做這件事，每星期我們會透過 WhatsApp 通訊軟體，互相丟出兩個問題，想想看要給自己正評或是差評：

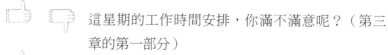

這星期的工作時間安排，你滿不滿意呢？（第三章的第一部分）

目前工作和生活的搭配，你滿不滿意呢？（第三章的第二部分）

這些簡單扼要的考核,可以幫助你針對目前的作法獲得立即的意見。如果兩個問題都得到差評,我們會繼續追問自己:

自問自答─這星期有哪些時間,被我白白浪費掉了?

自問自答─如果下星期要增加一成的工作時間,我該如何辦到?

自問自答─下星期可以做哪些改進,把工作和生活搭配得更好?

✴ 工作和生活的衝突

當你開始拼拼圖,你可能會發現工作和生活的搭配,容易受制於一些不可抗力的因素,讓你覺得這些絆腳石太巨大,以致於阻礙了你,比方主管對你的期待、辦公室突然搬遷導致通勤時間拉長、「非做不可」的緊急專案突然冒出來,或者另一半換工作,育兒責任落到你頭上等。這些都是不可控制的外在影響因素,但只要做好自我教練,我們就可以看清楚,這帶來什麼衝突?中短期有什麼選項?

自問自答—有哪些外在影響因素，不在我的掌控之內，
且正在妨礙我工作和生活的搭配？

1. _____

2. _____

3. _____

現在想想看，這些外在影響因素給你製造了什麼衝突？比方
莎拉做過一個職務，辦公室突然搬遷，導致她每天的通勤時
間，突然暴增到兩小時，她還要另外騰出時間到托兒所接送孩
子。通勤和接送孩子兩件事，都是她改變不了的，現在卻難以搭
配起來，讓莎拉的生活壓力很大。至於海倫則是遇到難搞的新主
管，為她的生活製造不少衝突。她跟主管的風格截然不同，無法
以忠於自己的方式，來領導自己的下屬與管理自己的工作，長期
下來，她開始心灰意冷、提不起勁。更糟糕的是，這些衝突會使
我們感到無助，心情不開心。一旦我們平常心看待（即使不喜歡
衝突），反而會看見自己有哪些選擇。以莎拉為例，她忍受不了
通勤時間，不妨改變工作方式（例如工時、地點或換個新職
務），跟主管、另一半或身邊的支持網絡聊一聊，試著為自己爭
取支持。海倫跟主管不合，不妨聽聽看同事的經驗和應對方
式，或者直接跟主管反映，甚至搜尋新職務。

想想看自己還有哪些選擇，你就不會困住，你甚至會相信，

一定撐得過去。回答下列問題，想想看你有什麼選擇：

自問自答—我有哪些好選擇、更好的選擇、最好的選擇？

好選擇 _____

更好的選擇 _____

最好的選擇 _____

自問自答—誰有遇過類似的衝突，可以當我的學習榜樣？

_____

自問自答—為了繼續向前走，我可以做什麼妥協或調整？

_____

✳ 十大時間管理術

第三章的最後要和你分享十大時間管理術，幫助你管理工作時間。這些並不是「正確答案」，但你盡量試試看，找出適合你自己的方法，例如莎拉最喜歡「待思清單」，海倫則是「兩分鐘法則」的鐵粉。

1. 僧侶模式

　　專心做某件事，隔絕所有令你分心的事物，向自己保證一定要把工作做完，杜絕任何會妨礙你、浪費你時間的事情。僧侶模式很管用，適合深入思考或趕稿。每天空出兩小時，專心做你感興趣卻一直拖延的事情。令人分心的事物，一律清空，試看看這樣做，你的效率有沒有變好。

2. 番茄鐘法

　　把一整個大計畫切割成幾小塊，每一塊工作大約持續 25 分鐘，然後休息 5 分鐘，合起來也就是一顆「番茄」，最後要完成 4 顆「番茄」，就可以休息 30 分鐘。這是 1980 年代弗朗切斯科・西里羅（Francesco Cirillo）發明的方法，採用番茄形狀的計時器（因此有「番茄鐘」的名號），確實可以提升專注力，激發做事的動力！下載 Focus Booster 或 Tomatoes 之類的 App，挑戰完整的番茄鐘，不斷在工作專案求進步。

3. 待思清單

　　待辦清單是為了記錄該完成的工作，但缺點是太任務導向！反之，待思清單可以提醒你，有哪些層面值得你反思，有哪些問題和難題還沒有解決。這些層面要耗費腦力，卻備受

忽視，畢竟日常生活中大家忙著做事情！每個星期一，除了寫待辦清單之外，也別忘了寫待思清單，騰出一段思考的時間。

4. 黃金時段法

　　一天當中，有某幾個時段的生產力特別高，你可能是晨型人或者是夜貓子。所謂的黃金時段法，就是找到天生的生產力顛峰，刻意在那幾個時段完成最需要創意或最重要的工作。你會持續進步，實現你最重視的目標。連續寫一星期的日記，記下你最有精神和機敏的時段，這就是你的黃金時段，特別空出這些時段，有助於你完成最優質的工作。

5. 生產力夥伴

　　如果有人在旁邊鞭策你，你比較容易堅持到底。找一個生產力夥伴，讓對方知道你想在何時之前達成什麼目標。這個人可能跟你並肩工作，也可能是每天下班後，習慣傳訊息給你，問候你當天的工作狀況。生產力夥伴是為了支持你而非批評你。如果找不到這樣的人，不妨善用 Focusmate（focusmate.com）虛擬共同工作網站，可以幫你配對。你和對方會透過視訊，分享各自的目標，每次共同工作 50 分鐘。

6. 聽音樂模式

音樂確實會提升專注力，助長心流。科學研究發現，九成的人聆聽音樂時，工作表現比較好，88%員工聆聽音樂時，工作更準確[21]。音樂也有助於管控工作壓力，刺激大腦分泌多巴胺，讓我們的心情更好。建立播放清單，收錄可以提升生產力的音樂，幫助你維持專注，在一天中的特定時段，讓自己處於聽音樂模式。如果沒有自己的播放清單，不妨上 Spotify 和 YouTube 搜尋。

7. 兩分鐘法則

大衛・艾倫（David Allen）以「搞定」（Getting Things Done）這個時間管理系統聞名，有許多追隨者，2005 年被外媒 Wired 譽為「資訊時代的新狂潮」。「搞定」有一個特色，叫做兩分種法則，凡是兩分鐘做得完的事情，就要盡快了結，避免拖延。兩分鐘小事，不值得列入待辦清單，反正就是趕快做，以免夜長夢多。如果不想要為這些事打斷行程，不妨每天撥出特定的時間，一口氣把兩分鐘小事做完，比方每天十分鐘，就可以終結五件小事囉！

8. 先吞了那隻青蛙

這是什麼意思呢？趁你還有精力的時候，先處理你最困擾的工作。寫下目前你必須處理

的三隻「青蛙」，事先規劃下星期的「吞青蛙時間」，先處理最棘手的事。

9. 時間段管理法（又稱任務分批處理、一日一主題）

把你要參與的活動，在行事曆預留時間段，這樣就不用煩惱接下來要做什麼事，也不用老是切換工作環境，有助於提升專注力和注意力，甚至還可以更進一步為特定的任務預留時間段，比方早上九點至十一點，專心處理客戶的簡報。或者，每星期挑選兩三天，設定當天的主題，比方週一和週二，可能是團隊日和開會日，週五可能是創意工作日。

10. 善用模板來節省時間

同樣的簡報，一直重複做；同樣的消息，一直重複發。何不利用模板，加速應變時間，把重複性工作做得更有效率呢？這些省時的模板，可能是有固定格式的簡報，或者是有關鍵訊息的電子郵件。你寄出之前，只要再添加個人化的訊息即可。當你需要負責寄送重複的訊息時，一定要建立模板，可以為你節省時間。

時間管理之外

> 「做對的事，任何時間都是好時機。」
> 馬丁‧路德‧金恩（**Martin Luther King, Jr.**）

　　如果你按照本章內容做了自我教練，也盡量付諸行動，卻依然不滿意自己的時間安排，還有工作和生活的搭配，那麼你的問題可能不是出在時間，例如目前這一份工作，時間安排跟你的工作風格不合，或者公司文化跟你的個性相反。如果你對此心有戚戚焉，那麼接下來可以先閱讀第七章〈使命〉與第六章〈發展〉。這兩章可以幫助你思考什麼對你而言最重要，該如何讓工作跟人生意義同步。不過第三章的內容，你看了也絕對不會白費，再小的改變，也可以在短期之內，幫助你獲得更多的掌控力。

向專家取經：格雷厄姆‧奧爾科特（Graham Allcott），作家，Beyond Busy 播客節目主持人

　　生產力關乎你拒絕什麼，而非你接受什麼。如果你拒絕的時候，從未感到不適或難以取捨，代表你拒絕得不夠。

自我教練的難關：事情做不完，是因為時間都拿來開會了。一大堆會議要開，我無法推辭。我重視的工作卻沒有進展，令人心灰意冷。我該如何提高生產力呢？

專家的答案：大多數人或組織都喜歡提議「大家來開個會吧！」因為開會比決策容易。如果只是拚命開會，卻沒有想清楚，那麼這樣的會議，誰都不想開。不過，開會還是有優點的：大會議可以改變世界，更何況大家集思廣益，總好過各自行動。我稱之為「會議的陰陽面」。會議的陰面是促進團隊合作，把大家聚起來，關注同一件事，一起反思、學習和傾聽，這種會議是必要的，在團體和個人之間搭起橋梁，趁小問題還沒爆發前，即時修復處理。

我們也需要會議的陽面，也就是創造和行動，「埋頭」幹「正事」！上面的難題似乎在追求陽面，「真正搞定一些事」，所以我提供五個解方，讓大家依照自己的文化和情況，自行混搭使用：

1. **集眾人之力**：如果你職位夠高，可以撼動公司文化，不妨發起「節省五小時」的大挑戰，要求每個人刪減會議，為公司節省五小時（比方五個人一起開會一小時，如果刪減這場會議，就等於節省五小時的工時）。下次開團隊會議，請大家分享刪減會議的祕訣，透過眾人集思廣益，縮短開會的時間。

2. **拋磚引玉**：你召開的每一場會議，都要設定目的（例如「開完會，我們會得到⋯⋯」）、議程（時間安排）、與會者出席的原因（例如「事項三、四、五，需要借助海倫的行銷長才」），同事看在眼裡，就會群起效尤。清晰是簡潔之母。

3. **溫柔抵抗**：如果你拒絕不了，那麼一定要記得秉持「沒議程，不開會」的原則，既然你都知道開會結果了，何必逼自己去開會呢？還有另一個更棒的原則，「不清楚開會目的就不開會」，這可以確認你有沒有必要出席。你甚至可以問對方，可否中途串場加入（延續海倫的例子，「我這星期特別忙，可以等會議討論到行銷項目，再讓我中途加入嗎？」）

4. **耍神祕**：提高排程的難度，堅持自己的原則，以我自己為例，我早晨寫作，只有下午可以開會，當然你可能沒那麼極端，但是請記住，你排出來的行程必須符合你的意圖。這是很簡單的原則，卻經常被忽略。如果你想把時間空下來「幹正事」，卻擔心同事會嗤之以鼻，不妨耍一下神祕，說你在進行「玫瑰專案」，聽起來有趣、機密又重要，同事會讓你一個人靜靜，專心做事。

5. **陽奉陰違**：有很多會議是公司規定好的，可是即使人到現場，也沒什麼貢獻的機會。如果你的職位不高，不可能撼動現狀，不妨秉持「人在心不在」的原則，「保持專注」，但盡量偷一些時間。

生產力關乎你拒絕什麼，而非你接受什麼。如果你拒絕的時候，從未感到不適或難以取捨，代表你拒絕得不夠。

◆COACH 教練架構

有了 COACH 教練架構，你可以統整第三章到目前為止，你所有的想法和反思，克服你目前在職涯的挑戰。花一點時間統整你的見解，你會更清楚自己的行動，對自己更有信心，爭取必要的支持。平常多練習 COACH 教練架構，未來在職涯或工作面臨挑戰，大多可以克服。

COACH

清晰（Clarity）：你在自我教練的過程中，面對什麼考驗？

選項（Options）：你看到什麼選項呢？

行動（Action）：你會採取什麼行動呢？

自信（Confidence）：你相信自己會完成這些行動嗎？

求助（Help）：為了通過這些考驗，你需要什麼幫助呢？

◆摘要

時間：如何掌握自己的工作時間？

「我們唯一要決定的，就只有如何安排時間。」 J·R·R·托爾金（J.R.R. Tolkien）

為什麼需要自我教練？	自我教練的觀念
擺脫瞎忙的人生，提升工作的品質。 調整工作和人生的比重，好好地搭配工作和生活。	時間占比：時間有沒有花在刀口上？ 注意力下滑：有哪些分心事會妨礙你善用時間？ 搭配工作和生活：這個星期，有沒有把幾個最重要的生活層面搭配好？

教練工具

時間取捨	管好自己的事

如果我想多花一點時間做……　那麼就少花一點時間做……

別人的猴子＝令我分心的事

我的猴子＝我優先處理的事

搭配工作和生活

紀錄片的季數：
頭條新聞：
搭配工作和生活：
敬請期待……

自問自答：	
1. 我對於自己的時間多有掌控力？ 2. 說到安排工作時間，我最想調整的是什麼？ 3. 何時我會感覺自己專心、投入、沉浸在工作之中？ 4. 什麼會妨礙我把工作做到最好？ 5. 我覺得怎樣安排工作時間最好？	
播客 收聽我們「迂迴而上的職涯」（Squiggly Careers）播客節目，第 238 集的嘉賓是作家奧利佛‧伯克曼 （Oliver Burkeman）	**免費下載** www.amazingif.com

「你樂於浪費的時間，
就不是浪費。」

約翰‧藍儂
（John Lennon）

「記住了，
你比你想像的更勇敢，
比你看起來的更堅強，
比你以為的更聰明。」

克里斯多福‧羅賓
（Christopher Robin）

CH.4
自信

如何建立自信，助你成功

✴ 自信：為什麼需要自我教練？

1. 每個人都曾經自我懷疑過，覺得自己在職場的表現「不夠好」。然而，如果我們只是理解而不是刻意迴避，那麼我們可以更容易化解負面情緒，從中培養自信，讓我們順利發展下去。

2. 情勢一直在變，我們不得不學習新技能，讓自己跟得上時代。這種動盪情勢令人不安，周圍會發生什麼事，我們控制不了，但我們可以培養正向信念，幫助自己在職場制勝。

✴ 自我懷疑是重要資訊

　　每個人都曾經自我懷疑過，這就是人腦的保護機制，可以躲避潛在的陷阱和問題。面對自我懷疑，如果抱持迴避或否定的態度，不僅無濟於事，還可能無限放大這個焦慮[22]。心理學家蘇

珊・大衛（Susan David）建議，把自我懷疑視為重要資訊，千萬別刻意忽略。肯定和覺察自己的情緒，你才會站在制高點，認清恐懼的情緒對你有什麼阻礙。蘇珊把自我懷疑比喻成**閃光燈，它能照亮你在乎的一切**。她的研究證實，「情緒靈敏力」（emotional

> 我寫過十一本書，但是每一次，我都會擔心，「天哪，大家會看清真相，發現我是一個冒牌貨，我沒有那麼好。」
> ——馬雅・安傑洛（Maya Angelou）

agility）可以把自我懷疑轉為自信。情緒靈敏力其實是對情緒的肯定，並選擇合適的應變方式，從中培養自信，不再任由自我懷疑來驅動行為。

✴ 愛比較的宿命

　　大家經常在職涯互相比較，所以會覺得自己不夠好。交友網站 Bumble Bizz 調查顯示，86%受訪者拿自己的職涯跟別人比。我們會觀察身邊的人，來評斷自己的薪水有多高、事業有多成功、影響力有多大。2010 年經

> 永遠做最好的自己，而非第二好的別人。
> ——茱蒂・嘉蘭（Judy Garland）

濟學家安格斯・迪爾頓（Angus Deayton）和心理學家丹尼爾・康納曼（Daniel Kahneman）表示，我們對人生的滿意度，不是看自己實際的收入，而是跟朋友相比看誰比較高。我們不知不覺

建立起一套職涯成就評量表，明明沒有被「超前」，卻逃不過自我懷疑的宿命。

✳ 什麼是信念？

　　信念是我們對世界的感知，人腦為了省力，就喜歡走捷徑[23]。信念可以預測未來會發生什麼事，釐清事情之間的關聯性。我們很難建立新信念或是質疑舊信念，因為每次接收新資訊，我們心中預設的信念，就會設法把我們學到的東西，融入心中既有的信念框架，假設你有負面信念，認為「自己不夠聰明」，那麼當你哪天應徵新工作沒上時，你的內在聲音就會碎碎念「我就知道我不夠聰明，配不上那份工作，這不就證明了嗎？」反之，假設你有正面信念，想著「我一直在學習和改變」，即使應徵不上新工作，你仍會問自己「下一次怎麼做得更好？」成也信念，敗也信念。我們對自己的觀感，有正面，也有負面。

> 「信念是心智架構，決定我們如何理解世界。」
> 彼得・哈利根（*Peter W. Halligan*）

✳ 自我信念，是一種能力

　　自我信念是一種能力，絕非一成不變。培養自己的信念，這是每個人都能學習的事。你「看不見」信念，卻可以從行動和行為一窺端倪。舉幾個例子，你在職業生涯中，做了遠大和勇敢的

決定。事情沒有照著計畫走，即使懷疑自己，卻依然做出正面的回應。你勇於實現目標。自我信念也展現在小事上，例如拒絕不合理的截稿日、表達跟主管不同的意見、支持同事去挑戰現狀等。

> 愈看好自己，就愈有成就。永遠要相信，你會有更大的成就。
>
> ——露西・戈薩奇（Lucy Gossage）

✴ 自我信念的來源

心理學家亞伯特・班度拉（Albert Bandura）是這個領域的先驅，長期鑽研自我信念，結果發現童年建立的信念，在往後的人生還會繼續演化。他認為自我效能（self-efficacy）有下列四大來源。所謂的自我效能，就是相信自己有能力在特定的情況獲勝。

1. **熟練**：把事情做好，可以增加信念。
2. **楷模**：看到跟自己相似的人成功了，所以相信自己也會成功。
3. **激勵**：有人相信你，給你正面的意見。
4. **難關**：以樂觀的心情面對困境和難關，不給自己壓力。

班度拉發現，自我信念強的人，對於自己做的事情更投入，心意也更堅定。就算遇到阻礙，也會迅速復原。對這些人來說，面對難關和疏忽，並不是真正的失敗，只是在提醒自己多一

分努力,設法度過難關。

「自信,就是帶著慈悲心,看清楚自己和情勢。」

當你工作犯錯或面臨職涯「低潮」,請記得所謂的懷抱自信,絕非不分青紅皂白地看好自己,罔顧現實。自信也不保證會一帆風順〔可聆聽伊麗莎白·戴(Elizabeth Day)的播客節目「How to Fail」,訪問不少「成功」人士〕。社會心理學家海蒂·格蘭特(Heidi Grant)研究發現,面對自己的缺點,如果可以多一點慈悲心,反而會表現更好[24]。對自己慈悲,就會願意同情和理解自己犯過的錯。當你犯錯了,計畫打亂了,記得帶著覺察,客觀看待一切。不嚴厲批評自己(沒有人是完美的),也不滿懷戒心,拚命張揚自己的成就(放下小我)。這麼做不是在脫離危機,而是在認清情勢,激勵自己不斷地精進,設法變得更好。塞麗娜·陳(Serena Chen)認為,對自己慈悲,不僅會提升表現,心情也更樂觀,生活會更幸福[25]。

「就連『成功』人士,也會自我懷疑。」

我們探討思考陷阱和正向提問之前,先來分享運動界的小故事,證明只要控制好自我信念,就可以在工作和生活致勝。播客節目「Life Lessons: From Sport and Beyond」主持人是露西·戈薩奇(Lucy Gossage),是腫瘤科醫師也是鐵人三項選手。她說,

她是理性有邏輯的人，可是她看待自己卻不理性，以致她比賽的時候會自我懷疑，誤以為對手「比較強」，結果就輸給對方。她有一位朋友是運動心理學家，從旁給她激勵，於是她開始進行自我對話，不僅鍛鍊身體，也鍛鍊腦袋。從此以後，她不只贏得比賽（她參加過四次鐵人三項比賽），人生各個層面也跟著變好，終於有自信辭掉全職醫師工作，改為兼職，進而行有餘力，投入慈善事業和個人興趣。

✳ 打破思考陷阱，獲得正向激勵

打破思考陷阱，注入正向激勵，揪出你想法背後的前提假設，把自我教練風格變得更開放樂觀。

思考陷阱：
⤷ 如果我提升自我信念，別人可能會覺得我傲慢。
⤷ 自我信念是我學不來的。
⤷ 我要等到自己成功了，才能夠建立自我信念。
⤷ 我太守舊了，改不了自己的信念。
⤷ 自我信念不重要，反正我的工作運就是比較差。

現在把思考陷阱轉為正向提問，放下你的前提假設，進而探索不同的選項和可能性。

思考陷阱：如果我提升自我信念，別人可能會覺得我傲慢。
正向提問：我崇拜的人之中，誰有強烈的自我信念？他給我什麼感覺呢？

思考陷阱：自我信念是我學不來的。
正向提問：過去有哪些事情，可以提升我的自信呢？

思考陷阱：我要等到自己成功了，才能夠建立自我信念。
正向提問：我從工作失誤學到什麼呢？

思考陷阱：我太守舊了，改不了自己的信念。
正向提問：質疑負面信念對我有什麼好處呢？

思考陷阱：自我信念不重要，反正我的工作運就是比較差。
正向提問：過去十二個月，工作上最令我自豪的三件事。

我的思考陷阱：

_____

我的正向提問：

_____

✳ 如何建立自我信念

接下來，我們會教大家如何建立自我信念，讓你透過自我教練，每天都學習建立信念以及面對阻礙。

第一部分的內容如下：

⇨如何觀察自己的思想和言行，評估當下的自我信念。
⇨如何採取行動，建立自我信念，包括從有限的視角轉為無限的視角；勇於拒絕；跨越舒適圈。

第二部分的內容如下：

⇨分享實用的技巧，包括書寫你克服挫折的故事，七大自問自答，絕對會幫助你度過每一個職涯難關。
⇨如何透過自我教練，度過常見的職涯挫折（失業、無法勝任工作、遭受別人的批評、計畫打亂了）。

第四章邀請到兩位專家給大家建議。一位是愛蓮娜・特韋德爾（Eleanor Tweddell），著有《失業是人生最好的遭遇》（*Why Losing Your Job Could be the Best Thing That Ever Happened to You*），她提供實用的點子和行動建議，對任何失業的人都管用。另一位是伊麗莎白・烏維比內內（Elizabeth Uviebinené），著有《迎難而上：黑人女孩聖經》（*Slay In Your Lane*），她分享自己克服冒名頂替症候群的人生智慧。

第一部分：為自我信念打好基礎

該如何提升自我信念呢？對於這個問題，大家總是摸不著頭緒，畢竟這是個大哉問，涉及許多不同的面向。我們下一個練習，可以看出你在哪些層面懷抱正面信念，在哪些層面展現自我懷疑。這是一道自我信念的牆，堆越多磚頭，信念就越強。

反省你在職場上的**思、言、行**，提升自我覺察，得知自我信念有多強。

步驟一：回答下列九個問題，從 A 和 B 兩個選項，圈出最符合你感受的句子。

步驟二：如果你圈了 A，翻到第 158 頁的信念牆找到相同的數字，塗上顏色。如果你圈了 B，就不用塗顏色，讓磚塊留白。

✳ 砌好自我信念的磚牆

問題一：

A：你覺得自己有能力做好工作。

B：你經常覺得自己哪裡不夠好。

問題二：

A：你對自己的觀感，由你自己決定。

B：你會擔心別人怎麼看你。

問題三：

A：你會想到自己的強項，以及該如何精進。

B：你會想到自己的弱點，以及你犯過的錯。

問題四：

A：你經常說自己「做得到」，而非「做不到」。

B：你經常說自己「做不到」，而非「做得到」。

問題五：

A：別人稱讚你，你會感謝對方，很開心自己有發揮影響力。

B：別人稱讚你，你覺得是假的，只是客套話罷了。

問題六：

A：有需要的話，你會勇於拒絕。

B：明明想拒絕，卻答應了對方。

問題七：

A：你結交的朋友，可以激發你的自我信念。

B：你結交的朋友，讓你看不起自己。

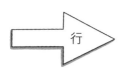

問題八：

A：每次你成功了，都會找別人分享，一起慶祝。

B：你在工作上看不見自己的影響力。

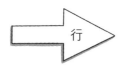

問題九：

A：你會花一些時間，嘗試你沒做過的事情。

B：你大部分的時間，都拿來做熟悉的事情。

✳ 你的信念牆

行	7		8		9	
言		4		5		6
思	1		2		3	

　　現在看到這面信念牆，有些磚頭塗顏色，有些磚頭留白。塗顏色的磚頭，代表你擁有正面的信念，未來仍要繼續砌這些磚頭，但至少你打好地基了！留白的磚頭，則代表你擁有負面的信念，一直在妨礙你，所以要優先改進。

　　我們採取行動前，先花幾分鐘，思考下列三個問題。

自問自答──看一看自我信念牆，有沒有什麼特定的趨勢或主題？（比方在思、言、行三個層面，哪一個特別不足？）

自問自答──哪些磚頭我做得很好，確實提升了自我信念？

自問自答──哪些磚頭我做得不好，妨礙我建立自我信念？

　　每個人的自我信念牆都不完美，但你可以持續進步。自我信念是一筆值得做的長期投資，可以幫助我們發揮最佳的工作表現。

　　接下來，我們和你分享自我教練的技巧，讓你透過自我教練，實際採取行動，從思考、對話、行動各個層面，培養自我信念。

相信自己這件事，確實該一直做下去。
——艾希里・C・福特
（Ashley C. Ford）

思考

　　第四章開宗明義就提到，信念不容易改變、撼動和重建。如果你對自己的職涯有負面信念，無論真實與否，這個信念會一直跟著你，對你造成很多限制，讓你限制了自己的學習、選項、好奇心、適應力和嘗試的意願。可是少了這些元素，怎麼有可能享受工作呢？又怎麼有可能勇於改變？有理智的人都知道，這些信念會妨礙自己，可是信念太根深蒂固了，突然要做不一樣的嘗試，就會覺得困難，畏畏縮縮。

✴ 有限鏡片

　　有限鏡片會影響你對世界的感知，扭曲現實，讓你看不起自己。現在翻到下一頁，我們提供幾個有限鏡片的例子，看看你是否有似曾相識的感覺？任何一種有限鏡片，都會製造一套負面信念，左右你的看法，阻礙你前進。

「你怎麼想，
你就會成為那樣的人。」

釋迦摩尼（佛陀）

有限鏡片		
有限鏡片	可能有什麼想法	可能有什麼妨礙
非黑即白	這不是我預期的成功，所以我失敗了。	久而久之，你的企圖心愈來愈小，只追求令你安心的目標。
大禍臨頭	工作不順，簡直是一場災難。	你會放大錯誤，只看見問題，看不見解決辦法。
把未來看窄了	這對我沒用，沒必要再試了。	你不再探索其他發展的機會。
我不夠好	我不如同事，大家終究會發現我能力不足。	你不再主動分享意見或提問，結果你的影響力更低落了。
我的有限鏡片		
我最常戴著的有限鏡片是：		

參考上述的練習，思考下列的問題：

> 自問自答—我在職場方面有哪些負面思考？（例如：我經驗不夠，無法升遷）
>
> ---
>
> 自問自答—這些負面思考對我的職涯有什麼妨礙？（例如：不敢去應徵我真正感興趣的工作）

✳ 受制於有限鏡片

我們必須調整自己看世界的鏡片，才能夠撼動思維。戴上不同的鏡片，對於自身以及個人能力，就會產生不同的信念了。試著戴上無限鏡片，挑戰現狀，換一個方式看世界。現在想想看，如果信念從負面轉為正面，會帶來什麼影響呢？

從有限鏡片到無限鏡片		
從有限鏡片	到無限鏡片	這對你有什麼激勵呢？
非黑即白	*看見灰色地帶*	計畫不如預期，可是你有能力探索替代選項。
大禍臨頭	*看見解決辦法*	你知道大家都會犯錯，失望的情緒是難免的，最重要的其實是學習和前進。

| 把未來看窄了 | 把未來看寬了 | 你經常因為好奇心，跟別人聊起職涯大小事，探索你有興趣的領域，建立職涯社群，拓展你發展的前景。 |
| 我不夠好 | 我夠好了 | 你主動參與自己有興趣的新專案，因為你對自己的強項有信心，深信自己可以為專案加分。 |

我的無限鏡片

我試戴的無限鏡片是：

✳ 改變信念

　　摘掉有限鏡片，換上無限鏡片，你對自己的信念，就會開始改變。你可以當自己的教練，揪出負面信念，並阻止自己這麼想，然後再創造更正面的信念。下列是常見的負面信念，只要調整我們所戴的鏡片，負面信念就會變正向了。我們還預留幾個空格，讓你填寫自己的反思。

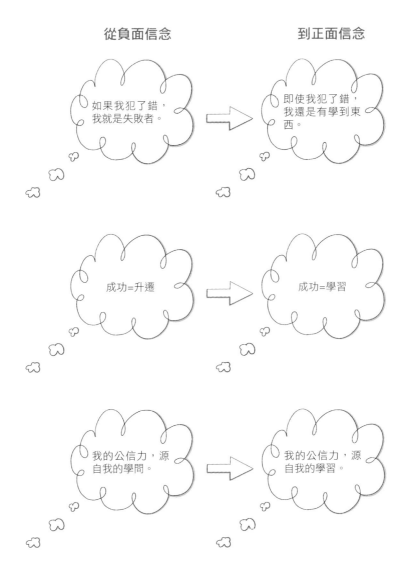

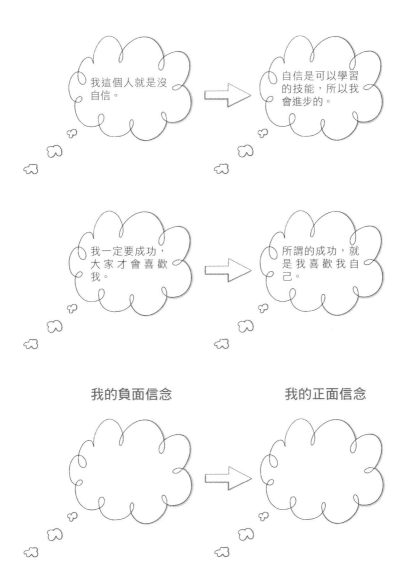

我這個人就是沒自信。 → 自信是可以學習的技能，所以我會進步的。

我一定要成功，大家才會喜歡我。 → 所謂的成功，就是我喜歡我自己。

我的負面信念 → 我的正面信念

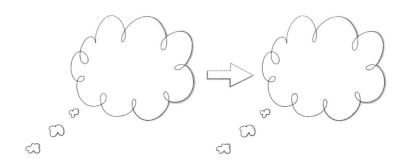

當你做完這些練習後，有產生什麼深刻的理解嗎？將它們整理在下面這張圖。這張圖看來簡單，卻相當管用。每當負面的想法或自我信念冒出來時，你隨時可以翻到這一頁。

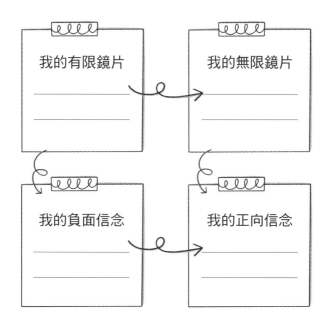

對話

✳ 自我對話

　　每個人都有內在聲音，會一整天伴隨著我們左右。這一股內在聲音又稱為自我對話，包括有意識和無意識的想法、信念和偏見，讓腦袋能夠理解和處理各種經驗。伊森・克羅斯（Ethan Kross）在他的傑作《強大內心的自我對話習慣》（*Chatter*）中詮

不要淪為負面自我對話的受害者，你說的每句話，你都在聽著。
——鮑勃・普羅克特
（Bob Proctor）

釋地十分貼切，他提到「內在聲音可以是超能力，帶來加分效果，但也可以是致命的弱點，對我們造成傷害。」同樣的道理，我們在第一章也區分了內在教練和內在批評家。

行動建議：主觀描述 vs.客觀紀實

　　運用這個技巧，可以客觀看待挑戰。拉開距離後，自我對話就會跟著改變，克羅斯說過：「自我對話解決不了問題，卻可以提高解決的機會，讓言語的流動更清晰。」下次你在工作日遇到難關時，先給自己五分鐘做主觀描述，然後換成客觀紀實，好好觀察一下，這對自我信念有什麼影響。下面的範例，教大家如何實際操作，我們還有預留空白處，讓你親身試驗。

範例

· 你遇到什麼經驗／情境，導致內在批評家冒出來了：

開會的時候，我針對新專案提出想法，但主管有不同的看法。

· 主觀描述：

這是我的錯，我對自己很灰心。我就是不夠聰明，沒資格做這份工作。我是失敗者。

· 客觀紀實：

大家一起開會，主管同意莎拉的提議，只是覺得時機不對，因為對團隊來說，現在還有其他更重要的工作。其他同事也支持莎拉，特別傾向認同她的想法。

主觀描述 vs.客觀紀實

最近工作的時候，你的內在批評家有沒有冒出來呢？

主觀描述會怎麼說？

客觀紀實會怎麼說？

行動建議：稱呼自己的名字

　　自我對話的時候，稱呼自己的名字，就可以快速跳脫自我懷疑，建立起自我信念。這有助於面對高壓情境（例如職涯難關），懷抱成長心態，相信自己「有掌控能力」，而非固定心態，覺得自己「做不到」。自我對話還有一個小妙招，就是把「我」換成「你／妳」。克羅斯研究發現，自我對話時，主詞從「我」變成「你／妳」，負面情緒和經驗就不會重現，反而會從中學習，把這些情緒和經驗處理好。下面這張表格，針對這兩種技巧，提供範例供大家參考：

	自我懷疑	自我信念
稱呼自己的名字	這個機會挺不容易的，我沒有把握做得好。	海倫，這是令人期待的機會，妳做得到！
把「我」換成「你」	我簡報做得不好，一直想著我犯過的錯誤。	事情沒有照著計畫走，反而能學到很多東西，妳總算明白為什麼不要一次分享太多內容，因為聽眾會吸收不了。

　　回答下列問題，調整自我對話，建立自我信念！

自問自答──目前我的工作中有哪些壓力源呢？
範例：太多專案要做了，但時間不夠多。

自問自答──我頭腦會冒出哪些負面的自我對話呢？
範例：我擔心到最後，每個專案都做不好。

自問自答──現在運用上述兩個技巧，包括「稱呼自己的名字」及「把『我』換成『你／妳』」，修改自我對話的內容。範例：海倫，妳曾在同一時間內負責好幾個專案，這一次妳當然也做得到！妳深愛妳的工作，這份熱情會展現在妳的成果上。繼續努力吧！

✳ 勇於拒絕

　　大家都樂於助人，難以拒絕別人。明明想拒絕，卻還是答應了，這通常是恐懼在作祟，比方擔心主管會質疑自己的處理能力，擔心別人會覺得自己工作做不好，擔心別

> 只要勇於拒絕，就可以專心處理正事。
> ──史蒂夫·賈伯斯
> （Steve Jobs）

人會怎麼說。然而，勇於拒絕，對自我信念有兩大助力：

1. 拒絕某些事，就有更多機會去發揮強項，一來建立自我
   信念，二來提高成功的機會。
2. 勇於拒絕，可以降低壓力，避免過勞，即使面對難關，
   也可以保持樂觀的心情，相信自己做得到。

回答下列問題，再來聽聽看行動建議。

自問自答──我有沒有硬著頭皮答應別人的經驗？

自問自答──為什麼我要硬著頭皮答應呢？

自問自答──我有沒有勇於拒絕的經驗呢？

自問自答──為什麼我會有勇氣拒絕呢？

行動建議：你就是要拒絕！
　　為了練習拒絕的能力，最好挑幾個令你自在的制式反應，私
下練習一番。下面列舉的情境，有沒有給你似曾相識的感覺？現
在演練一下，試著感受「答應／拒絕」對你有什麼影響。

答應／拒絕的情境　　　答應／拒絕的反應

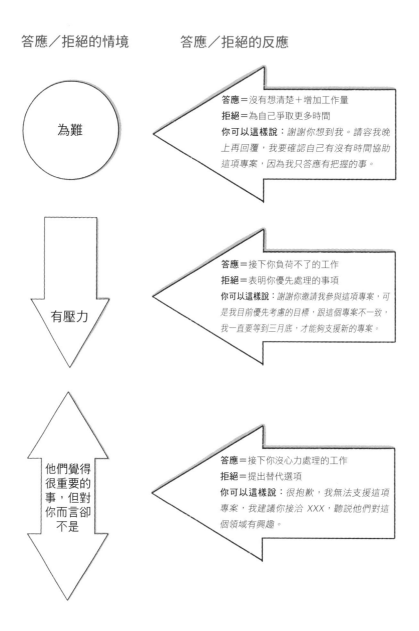

答應＝沒有想清楚＋增加工作量
拒絕＝為自己爭取更多時間
你可以這樣說：*謝謝你想到我。請容我晚上再回覆，我要確認自己有沒有時間協助這項專案，因為我只答應有把握的事。*

答應＝接下你負荷不了的工作
拒絕＝表明你優先處理的事項
你可以這樣說：*謝謝你邀請我參與這項專案，可是我目前優先考慮的目標，跟這個專案不一致，我一直要等到三月底，才能夠支援新的專案。*

答應＝接下你沒心力處理的工作
拒絕＝提出替代選項
你可以這樣說：*很抱歉，我無法支援這項專案，我建議你接洽 XXX，聽說他們對這個領域有興趣。*

為難

有壓力

他們覺得很重要的事，但對你而言卻不是

行動

✳ 開創勇氣圈

舒適圈是你感到熟悉和
「安心」的領域，不費什麼力
氣就有顯著的進步，就算努力
過頭，也可以迅速恢復。在舒
適圈逗留，並不是壞事，但如

> 你有權選擇做什麼，不做什
> 麼，選擇相信什麼，不相信
> 什麼。你自己的人生和觀
> 點，也是由你自己決定。
> ──女神卡卡（Lady GAGA）

果耗太多時間，恐怕會原地踏步，沒機會成長。勇氣圈是令你氣
餒和「害怕」的時刻。如果有好好開創勇氣圈，反而會提升自
信。你對自我能力的假設，會一再接受檢驗，結果反而會發現你
有更多潛能，比你想像的更有能力。

✳ 舒適圈 vs.勇氣圈

下面的甜甜圈，代表你每星期的工時。現在畫出你每個星
期，平均花在勇氣圈的時間占比。

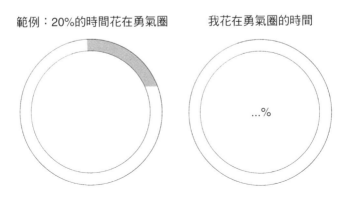

範例：20%的時間花在勇氣圈　　　我花在勇氣圈的時間

...%

✳ 心驚膽跳的情境

　　每個人有各自的舒適圈和勇氣圈，看起來不一樣，感覺也不一樣。為了把更多的時間花在勇氣圈，先釐清什麼是你的勇氣圈。想一想工作的時候，什麼情境令你「心驚膽跳」，例如你覺得自己做不到，或者超出你的能力範圍。

我心驚膽跳的情境

　　　1. _____

　　　2. _____

　　　3. _____

　　針對每一個情境，追問你內心有什麼恐懼導致自我懷疑。你可能會發現，每一個情境有不同的恐懼或者有同樣的恐懼在作祟。

我的恐懼因子

　　　1. _____

　　　2. _____

　　　3. _____

　　面對心驚膽跳的情境，內心之所以有恐懼，通常是因為結果難以預料。換句話說，這是在恐懼未知和失敗。這些情境可能是你曾做過的事情，只是過程不太順利，也可能是全新的情境，你的腦袋搜尋不到半點資料（只剩下自我懷疑），難以估計成功的

機會。想要盡量待在勇氣區嗎？有兩件事非做不可，一是看到機會，二是做出有別於以往的決定，勇敢把握機會。說到勇氣圈，要當烏龜，不要當兔子，你不可能一股腦兒就衝向心驚膽跳的任務，因為這可能會嚇倒自己或者半路卡關。因此，你應該透過小行動逐步跨入勇氣圈，這時候最重要的是，勇於跨出起跑線而非贏在起跑點（記住了，烏龜終究會贏的！）。

先採取小行動 #當一隻烏龜

針對每一個心驚膽跳的情境，寫下你可以採取的小行動。

1. _____
2. _____
3. _____

最後，找別人聊一聊，有哪些情境令你心驚膽跳。這麼做有兩個好處，把這些情境大聲說出來，心中的想法就會化為更堅定的行動。對方聽了，說不定會看出你的機會，一路上給你支持呢！現在針對每一個情境，填寫一位可以聊的對象以及你想聊的時機，盡量把時間和地點寫清楚，比較有機會實現。

說出你的恐懼

1. 人選_____ 時間_____
2. 人選_____ 時間_____
3. 人選_____ 時間_____

行動建議：短暫的不適（brief moment of discomfort）

這個點子源自法拉·史托（Farrah Storr）的著作《駕馭不適圈》（*The Discomfort Zone*）。史托說，待在勇氣圈，令人滿心恐懼，但其實只是經歷「短暫的不適」，不妨想成高強度體能訓練：一時強力的刺激，可以激發大幅成長。認清「短暫的不適」做好萬全的準備，等到你實際面對，就可以一眼認出，及時應變。

下列幾個問題都是關於「短暫的不適」：

自問自答—這星期的工作，可能有遇到哪些「短暫的不適」？

範例：我要在團隊會議做簡報，可是我害怕上臺講話。

自問自答—當我經歷「短暫的不適」時，可能會有哪些動作？

範例：我身體會發抖，忘記我要講什麼。

自問自答—當我經歷「短暫的不適」，做什麼事情對我有幫助？

範例：勇於示弱。向別人坦白，上臺發言這件事令我不

安。同時也提醒自己，我的團隊永遠站在我這一邊，而且上臺講話只有十分鐘，一下子就結束了！

第二部分：自我信念的阻礙

既然挫折來臨時，免不了會自我懷疑，那麼我們現在要教大家，如何透過自我教練，化解自我懷疑。我們會分享一個教練工具與一系列自問自答，希望一路上陪著你，克服職涯的挑戰。第四章最後，一起為「自我信念」做重建小手術，我們提供幾個行動建議，幫助你度過艱難的時刻，例如無法勝任、突然失業、受到尖銳的批評、計畫打亂了。

✳ 我面對挫折的故事

當你遇到挫折時，就跟自己說故事吧！這會重建自我信念或者舒緩自我懷疑。每當面對挫折，自我懷疑會浮上臺面，慫恿我們放棄、不再嘗試，以致企圖心所剩無幾。

> 跟自己說故事，
> 是為了活著。
> ——瓊・蒂蒂安
> （Joan Didion）

　　第四章開宗明義就說了，面對自我懷疑，真正的解答不是迴避，也不是忽視、奢望自我懷疑會自己消失，反而是要善用自我懷疑，因為這是很貴的資訊。同樣的，說故事是實用的自我教練工具，當你面對挫敗，說故事可以建立自我信念，提升自我覺察。心理學家詹姆斯‧彭尼貝克（James W. Pennebaker）研究表達性書寫（expressive writing）好多年了，他發現把最難熬的經驗寫下來，心情會比較好，更認識自己，這跟我們先前探討的自我對話有異曲同工之妙，可以拉開自己跟痛苦的現實[26]。第 180 頁的練習，寫下你遇到挫折的故事，不妨參考莎拉的範例，你就知道怎麼動筆了。

題目：題目是故事的起點，讀者一看就知道，這是怎樣的故事，有沒有興趣讀下去。題目可以簡單明瞭（例如「放棄數字」）或者勾起讀者的興趣（例如「割草機定義不了我」）。

主角：就是你！介紹你自己，記住了，不只是工作的職稱。例如，*我個性內向，超愛大張便利貼，出門一定會帶書，腦袋有一堆好點子。*

危難：每一個故事都是百轉千迴。用幾個句子描述你正在經歷的挫折，可能有事實和感受的成分，比方*為了追求升遷，我拚命準備（甚至站在浴室鏡子前練*

習回答）。面試不順利，尤其是面試官問我：「英國有幾臺割草機？」真是難倒我了，我最後沒拿到新工作，而我目前的職位，又因為團隊結構重整，突然被公司裁員了。真不知道該怎麼辦……。

配角：這個故事裡，誰可以給你支持，激發你的自我信念？有需要的時候，誰來營救你？比方，貝琪是我念 *MBA* 的學習夥伴、瑞秋是我職場上最好的朋友、蜜雪兒是我的職涯導師、湯姆是我男朋友。

劇情高潮：你是故事中的英雄。你要告訴讀者當你面對挫折時會怎麼應變，這時候一定要戴著無限鏡片，懷抱正向的自我信念。寫這個橋段，你不用知道所有的答案或者做一堆事情（反之，你要勾起讀者的好奇心）。比方，這是我展翅高飛的機會，我搞不好可以換一個方式，利用我最愛的大張便利貼！我也在想有沒有其他公司會欣賞我的強項？有沒有其他人值得我效法？我要追隨自己的好奇心，看看它帶我去何方……

我面對挫折的故事

主角	題目	配角
危難		劇情高潮

＊ 七個自問自答

　　無論你正在面對什麼挫折，下列七個自問自答（以及接下來的行動建議），都可以幫助你進步。

　　我的挫折：_____

1. 自問自答──目前遇到的挫折，有什麼是我可以控制的呢？

_____

2. 自問自答—關於這項挫折，誰可以提供我有利的建議呢？

_____

3. 自問自答—以前遇過類似的挫折時，當時有什麼激勵我前進呢？

_____

4. 自問自答—我從這次的難關中學到什麼經驗，可以為未來的職涯加分？

_____

5. 自問自答—遇到挫折時，我在個人生活或工作方面，創造過什麼成功事蹟嗎？

_____

6. 自問自答—假設最要好的同事遇到相同挫折，我會給他什麼建議？

_____

7. 自問自答—一年後回頭看，我有哪些應變方式是正確的？

_____

✳ 自我信念的重建手術

職業生涯中，總是需要做自我信念的重建手術。面對突如其來的意外，會懷疑自己的能力和影響力，尤其是突然失業、面對

新情境、無法勝任工作、計畫打亂等，特別需要重建自我信念。第四章最後，我們會分享幾個行動建議，這樣就算發生意外，也可以重建信念，有信心向前邁進。

> **如果覺得水太深，至少要記得，**
> **你是一個會游泳的人。**

✳ 水太深

一直待在勇氣圈，挑戰沒做過的事情，一定會有無力感，例如接新工作、承接更多職責等。在這些時刻你會覺得「自己不夠好」，無法度過難關，甚至怪自己「不夠聰明或者經驗不足，才會招架不住」，這時候最好採取行動，相信自己可以勝任。今天的境遇都只是暫時的。

行動建議：借來的信念

不要跟別人比較，但是總可以找個好榜樣，借一些信念！如果快崩潰了，想一想你崇拜的人或者跟你有類似經歷的人，就可以激發你的信念。這是在尋找你有共鳴的人，向他們「借」一些信念，例如跟你同一間公司的同事，或者跟你不同公司，但是做類似工作的人。跟這些人對話，通常令人安心，你頓時會明白，別人也有類似的經歷（否則你還以為無法勝任的人只有你），說不定你還會受人提點，獲益良多呢！

行動建議：星期日關機

工作難以勝任，通常會拉長工時，希望快一點恢復正常，這在短期內確實有效果，但是別忘了，「一直保持開機」可能徒增壓力，對自我懷疑於事無補。我們必須想辦法關機，給腦袋一個重開機的機會。

到了星期日，騰出全天或半天，讓手機完全關機，等到星期一看有什麼不同的感受。起初你可能會想念以前收到訊息或信件時，腦內分泌多巴胺的快感，可是這麼做很值得，你會懷抱信心和正向思考，迎接全新的一週。不看電子裝置，可以舒緩壓力並且改善睡眠，紓解日常生活中常有的自我懷疑。如果想「深入探討」手機關機的好處，不妨閱讀凱薩琳‧普萊斯（Catherine Price）的小書《和手機分手的智慧》（*How to Break Up with Your Phone*），特別發人深省。

✳ 受到批評

腦袋瓜喜歡往負面想，不一定就是消極，只是把時間花在反省錯誤而非享受成功，特別容易想起職涯的低潮。大家在描述職涯的「失敗」，總是比描述職涯的成功更上手。每次聽到批評就覺得自己失敗

> 樂於接受讚美和批評。就像花朵要長大，需要同時接受陽光和雨水。
> ——佚名

了，往自己心裡去，於是你精心堆砌的自我信念牆，一瞬間就瓦解了，但幸好只要採取積極的行動，就可以強化自我信念！

行動建議：感謝、承認、評估（AAA）

一聽到別人的忠言，往往會有苦惱和憤怒的感受，無法靜下心體會對方真正的意思。唯有控制自己當下的反應，妥善回應對方的批評，才可以避免自我信念崩盤。感謝（Appreciate）、承認（Acknowledge）、評估（Assess）這一套簡單的工具，可以避免這種惡性循環。

感謝是第一個反應，也就是向對方道謝，聽起來很難，卻可以幫助你前進。第二步是承認內心的感受，例如「我聽到你的話，感到驚訝又失望」。有時候，就只能做到第二步，一切取決於你對批評的反應。第三步是收集更多意見，客觀評估對方的批評，例如找當事人追問其他問題，或者找其他同事徵詢不同的意見。以 AAA 三步驟回應忠言逆耳，你會發現情勢重回你的掌握之中。

行動建議：看見全貌

有練習，才會進步！平常就練習詢問別人「怎樣做更好」，久而久之，你就會習慣聽別人的意見。沒有人可以把每一件事都做到完美，如果只是從同事的口中聽到讚美，你並沒有看到全貌，反而會失去學習的機會。一般人不太會指點你「怎樣做更好」，因為怕自己沒表達好，可能傷了你的心，因此當你詢問對方的時候，盡量縮小範圍說得明確一點。比方，與其問同事：「我想聽聽看你的建議，怎樣把工作做得更好？」還不如問同事：「我可以怎麼改進會議簡報，讓效果變得更好呢？」

✳ 失業

一旦面臨組織重整和失業，心裡肯定不好過，幾乎每個人在職業生涯中，都曾經遇過其中一項，甚至兩項一起來，稍微不留神，就會被自我懷疑和負面信念淹沒了，這時候可能會喪失信心，質疑自己的能力，最好採取一些行動，讓你想起自己的成功事蹟。

> 我曾經失業過，這是天大的衝擊。失業這個字很討厭，你會覺得自己很沒用。
> ——比利·康諾利
> （Billy Connolly）

行動建議：鼓勵自己的話

第一章介紹過鼓勵自己的話，這裡再覆述一次，你可以把肯定語寫下來或者大聲念給自己聽。肯定語可以提醒你，一定要相信自己的能力，以正向的意念開啟新的一天。我們提供幾個例子：「我按照自己的步調前進」、「我只跟我自己比較」、「我擁有強項，讓我把事情做好」、「我度過了，我就會成長」、「我會控制自己的念頭，不讓念頭控制我」。

行動建議：心花朵朵開資料夾

如果遇到企業重整或失業，很容易忘記自己職涯的成就，不妨花時間統整你一年來的成功事蹟，在電子信箱開一個「心花朵朵開資料夾」，專門放一些會提振心情的電子郵件，比方別人給你的意見，或是團隊一起慶祝新專案誕生。

向專家取經：愛蓮娜・特韋德爾 (Eleanor Tweddell)，著有《失業是人生最好的遭遇》（*Why Losing Your Job Could be the Best Thing That Ever Happened to You*）

自我教練的難題：我曾經失業過，重創我的自我信念，我開始擔心，如果我應徵其他職務，別人會覺得我是因為自己不夠好，所以才導致失業的。我該如何懷抱信心尋找工作呢？

專家的答案：首先，遭受打擊，心情低落是正常的。接納人生的打擊以及你所有的情緒，給自己時間去悲傷和道別。這是前進的必經過程，目前的你就是沒辦法正向積極。這時候，你想必會擔心，但千萬不要逃避，你要做的是深入探索。你到底在擔心什麼？什麼是你可以掌控的？什麼是你無法掌控的？哪些是事實？你都要想清楚，確定什麼是真的，有可能發生什麼。

內心的碎碎念，一直說你不夠好，其實是為了幫你，讓你有安全感，但你仍要調降碎碎念的音量，更有趣的事情還在等著你呢！該是你反思的時候了，想想看你真正想做的事。有一些迫切的需求，需要你立即的關注，那就專注於你的需求，只是別忘了你期待什麼，你未來有什麼理想，你會如何實現理想。

回顧你到目前為止的工作經歷，開始重建信心。想起你的成就，你被愛的經驗，甚至一些微妙的時刻。想一想，如

何帶著美好的事物前進，把一切痛苦都拋諸腦後。這一刻，告訴你內心的碎碎念，你已經夠好了，通過這次考驗，你一定會升級。下一個職涯動向，絕對會更貼近你的愛好。

　　現在你有三個選擇：堅持、轉彎或打掉重練。

1. 你可以堅持自己的專業，設法升級，例如彈性辦公、工作地點、升遷。

2. 你可以轉彎，用不同的方式發揮專業，例如教學、自由接案、寫作。

3. 你可以打掉重練，拋下過去的一切，做不一樣的事情，例如接受職業訓練、創業、追逐瘋狂的夢想。

　　失業會衝擊你，但也會激勵你去嘗試以前沒做過的事。回想一下，什麼會帶給你活力？什麼會令你期待？有許多人就是做這樣的事情維生，何不加入他們的行列呢？失業，是你從未想過的禮物。

✳ 計畫打亂了

職涯充滿了變動和不確定性，難免有計畫打亂的時候。當我們期待某件事會發生，卻沒有任何進展或者朝著反方向發展，我們就會氣餒、失望，甚至是生氣。我們會沒有勇氣信任自己，不確定下一步該怎麼走。這時候更要採取行動，讓自己有一些進步，有衝勁向前走。

> 事情不一定照著計畫走。你可能已經衷心祈禱了、勇敢嘗試了，事情卻還是不順利！遇到這種事，計畫根本趕不上變化。
>
> ——電影《毒梟》中的探員，哈維爾・潘納（Javier pena）

行動建議：初學者的信念

學習新事物，可以幫你想起自己具備從無到有的能力。初學者不知道全部的答案，是很正常的一件事，所以你會試著接受，並設法以新的方式發揮強項。好奇心是你可以掌控的，找機會回歸初學者的身分，就是激發好奇心的起點。你學習的東西不一定要跟工作有關；只要你有興趣就行了！舉例來說，莎拉事業不順的時候，開始學習哲學；新冠肺炎期間，我們共同的朋友失業了，於是展開副業賣起布朗尼；海倫也經常嘗試新科技，挑戰不同的做事方式。想想看有什麼事情，是你願意從頭開始學的呢？

行動建議：寫信給自己

如果計畫趕不上變化，我們就很容易陷入過去，活在懊悔之中。這些負面的感受會妨礙我們前進。把腦袋中這些東西全部寫在紙上，可以淨化心靈。寫信給自己，宣洩你的沮喪和失望（你也可以用電腦打字，只不過親手寫字，還有附帶紓壓效果，在這種時刻格外有用）。你寫好的信，不一定要留下來重讀，你大可寫完就丟了。這樣清理心靈，你才會有餘裕從經驗中學習並且展望未來。

向專家取經：《迎難而上：黑人女孩聖經》（*Slay In Your Lane*）的作者伊麗莎白‧烏維比內內（Elizabeth Uviebinené）

自我教練的難題：*我在職場上，總擔心被別人看破手腳，所以我非常焦慮！我該如何克服冒牌者症候群？*

專家建議：大家要知道，有許多人深受冒牌者症候群所苦，就連一些成功人士也是如此。如果你以為只有你這樣或者擔心別人會識破你，務必提醒自己，其他人也有類似的感受。事實上，沒這種感受的人，應該少之又少。

要善待自己，放下恐懼。讓自己喘口氣，不要把自己逼得太緊。

自信就好比肌肉，需要勤加做運動。
花時間學習新東西，永遠沒有終點。

　　你必須列出自己的成就以及你過去優秀的表現，否則你會一直擔心未來再也沒有成功的機會，而忘了過去的成就。

　　自我信念的前提是自我接納。不追求完美，只要知道自己有在進步和學習就夠了，這是一趟旅程，沒有人可以想通每件事（倒是會假裝自己想通）。

　　信任你自己。你會遇到這個情況，絕對是有道理的。

◆COACH 教練架構

有了 COACH 教練架構，你可以統整第四章到目前為止，你所有的想法和反思，克服你目前在職涯的挑戰。花一點時間統整你的見解，會更清楚自己的行動，對自己更有信心，爭取必要的支持。平常多練習 COACH 教練架構，未來在職涯或工作面臨挑戰，大多可以克服。

COACH

清晰（Clarity）：你在自我教練的過程中，面對什麼考驗？

選項（Options）：你看到什麼選項呢？

行動（Action）：你會採取什麼行動呢？

自信（Confidence）：你相信自己會完成這些行動嗎？

求助（Help）：為了通過這些考驗，你需要什麼幫助呢？

◆摘要

自我信念：如何建立信念，助你成功
「記住了，你比你想像的更勇敢，比你看起來的更堅強，比你以為的更聰明。」 克里斯多福‧羅賓（Christopher Robin）

為什麼需要自我教練？	自我教練的觀念
每個人都有自我懷疑的經驗，為了建立對你有利的信念，面對自我懷疑的時候，應該試著體諒，而非直接迴避或忽視。 自我信念是可以精進的能力。自我信念愈強，愈容易從挫折爬起來，激勵自己不斷的進步。	主觀描述 vs.客觀紀實：尤其是遇到挫折的時候，特別需要拉開距離觀察，看清楚你面臨的挑戰。 舒適圈 vs.勇氣圈：花時間探索「心驚膽跳的情境」，盡量多待在勇氣圈，可以培養自我信念。

教練工具

砌好自我信念的磚牆

行	7		8		9	
言		4		5		6
思	1		2		3	

受制於有限鏡片	我面對挫折的故事
有限鏡片　　　無限鏡片 如果我犯錯，　如果我犯錯， 我就失敗了。　我會把握學習的機會。	主角　題目　配角 危難　　　劇情高潮

自問自答：

1. 我有哪些負面信念，正在阻礙我的職涯發展？
2. 我在職涯採取的行動，有沒有受到自我懷疑的影響？
3. 目前為止克服的阻礙，有沒有讓我學到什麼教訓？
4. 我花多少時間待在勇氣圈，做一些令我成長和害怕的事情？
5. 如果我知道自己不會失敗，我會有什麼作為呢？

播客	免費下載
收聽我們「迂迴而上的職涯」（Squiggly Careers）播客節目，第 196 集的嘉賓是作家凱特·賽維拉（Cate Sevilla）和廣告人麗塔·克利夫頓（Rita Clifton）	www.amazingif.com

「若不是別人傳球給我，
我可能沒有辦法射門得分。」

艾比‧溫巴赫（Abby Wambach），
美國女子職業足球運動員

CH.5
關係

如何建立必要的事業人脈

✳ 關係：為什麼需要自我教練？

1. 我們所建立的關係，會影響工作的成就感、學習和成就。職涯不太可能一成不變，關係也是如此。優質的人脈有賴長期的投資，重要的是，我們可以在關係中付出些什麼，得到些什麼。

2. 一段難熬的關係，可能會占滿你的時間，榨乾你的精力。我們最好透過自我教練，認清自己在衝突中扮演的角色，設法修復職涯中的重要關係。

✳ 改寫關係的角色

現在的工作比以前更需要團隊合作（跟過去十年相比，團隊合作的機會增加了 50%）。我們跟同事之間的人脈網絡，經常決定我們對工作的投

> 到頭來，關係的品質，決定了生活的品質。
> ——艾絲特・佩萊爾（Esther Perel）

入程度。大衛・布雷弗德（David Bradford）著有《史丹佛人際動力學》（Connect），認為「工作愈來愈需要互助。我們追求成功，要依賴別人的資訊、資源、人脈和支持。」拜科技所賜，我們可以立即聯繫並「認識」更多人，可是說到人脈，質比量更重要，人脈的品質攸關我們的學習量和活力，以及走出低潮的能力。然而，現在的關係逐漸隱含交易的成分，加上有「提高生產力」和完成任務的壓力，我們寧願埋頭做事，也不願經營關係和職場人脈。《前途未卜》（Uncharted）的作者瑪格麗特・赫弗南（Margaret Heffernan）指出，雖然有很多證據顯示，高層領導人可以靠職場好朋友成功度過職涯難關，但成功人士卻經常任由友誼消逝，赫弗南不禁好奇：「等到風暴來襲那一天，還有誰可以給我們力量和支持呢？」

✳ 修復關係

雖然大家在職場上會盡量跟同事和睦相處，可是每個人個性不一樣，難免會處不來。難搞的人際關係，可能占用你的時間，榨乾你的精力。人有鴕鳥心態，總奢望關係會自己好轉，結果長期下來，彼此摩擦不斷，令人心灰意冷，一天到晚在爭吵，有一種無力感。

> 就連最緊張的關係，也有修復的可能。負面的關係，只要成功轉正，就可能相當強大！
> ——艾美・嘉露（Amy Gallo）

說到同事關係，我們總以為非黑即白，不是「好」，就是

「壞」。凱莉・羅伯茲・吉布森（Kerry Roberts Gibson）和貝絲・許諾夫（Beth Schinoff）兩位教授經過九年的研究，結果發現大部分的職場關係都是好壞混雜，起伏不定[27]。我們誤以為關係固定不變；把良好的關係視為理所當然，把不良的關係看扁了。吉布森和許諾夫專門研究「微動作」（micromoves），透過微小的動作，例如感同身受和道謝，就可能修復關係，讓關係持續好轉。我們有能力終止衝突以免關係失控，也能夠找到建設性對話的機會。

✴ 什麼是「良好」的職場關係？

沒有一份標準藍圖可以指出，該如何建立「良好」的職場關係，或者創造必要的職涯人脈，但是展開自我教練之前，你可以先記住幾個實用的原則：差異、距離、奉獻。

> 「接納不同觀點的人，過著更圓滿成功的人生。」
> 馬修・賽義德（*Matthew Syed*）

✴ 差異：認知多元性

如果你只跟「相似」的人來往，這樣所建立的人脈，就要當心了！如果你跟對方有共通點，相處起來很自在，可是會有迴音室效應和盲點，大家有一樣的想法和意見，以及類似的經歷。研究證實，如果整個團隊由相似的人組成，團隊合作的氣氛不

錯，大家對團隊的決策格外有信心，但是平心而論，這樣做出來的決策通常會比較差[28]。偏狹的人際網絡，可能會限制學習，錯過不同的觀點、知識和機會。因此，建立多元的人際關係，工作表現會更好，做出更明智的職涯決策。

✳ 距離：強連結和弱連結

學會區分職場中的強連結和弱連結，對你會有幫助！強連結是你熟識的人，你們可能還有共同的朋友或者有相同的工作領域。強連結可以支持你，給你歸屬感，但是恐怕學不到新東西。弱連結是你不熟的人，沒有什麼碰面的機會。史丹

現在就開始建立還派不上用場的人脈。
——瑪格麗特・赫弗南
（Margaret Heffernan）

佛大學社會學教授馬克・格蘭諾維特（Mark Granovetter）發現到，大家經常忽視弱連結的重要性[29]，但弱連結會提供新的知識、資訊和觀點，對於轉換跑道特別有幫助[30]。一想到建立弱連結，就開始畏畏縮縮，想不出「對別人有什麼好處」。怎麼建立弱連結呢？試著聯繫共事過的人，或者有一面之緣的人，這比起從頭建立新關係更簡單！

✳ 奉獻：慷慨，但絕非無私

事業成功，有賴別人的幫忙，所以在思考人際關係時，總會先計算一下，自己可以從中獲得什麼。我們仰賴主管的推薦和提

拔；我們所執行的專案需要同事們一起努力；我們的事業需要股東長期的支持。然而，亞當・格蘭特（Adam Grant）倒是在《給予：華頓商學院最啟發人心的一堂課》（*Give and Take*）發表不一樣的看法，他主張在公司出頭的人，其實是「給予者」，而非

最有意義的成功之道，就是助人成功。
——亞當・格蘭特（Adam Grant）

「接受者」。接受者會破壞關係，習慣麻煩別人，期待受人幫助，聊天只講自己的事，單方面接受別人的支持，不懂得回報。反之，給予者樂於助人，大方分享自己的洞見、專業和人脈。然而，真正成功的給予者，不會無私奉獻，而是會設定界線，明確表達自己可以付出的程度，一旦給出去，就忘了一乾二淨。現在是迂迴而上的職涯，給予者特別有成功的潛力，因為擅長團隊合作，讓每個人都有成功的機會。

✳ 打破思考陷阱，獲得正向激勵

打破思考陷阱，注入正向激勵，揪出你想法背後的前提假設，把自我教練風格變得更開放樂觀。

⇨ 我們差異太大了，肯定處不來。
⇨ 對於這段關係，我沒什麼可以貢獻的。
⇨ 我做這份工作就夠忙了，沒時間經營工作以外的關係。
⇨ 那個人太資深了，怎麼可能有時間跟我聊？

⇨ 我和這個人不可能好好相處；我們兩人的關係，不可能
修復了。

現在把思考陷阱轉為正向提問，放下前提假設，進而探索不
同的選項和可能性。

思考陷阱：我們差異太大了，肯定處不來。
正向激勵：我可以從對方身上學到什麼呢？

思考陷阱：對於這段關係，我沒什麼可以貢獻的。
正向激勵：我以前會如何跟別人建立正向的關係？

思考陷阱：我做這份工作就夠忙了，沒時間經營工作以外的
關係。
正向激勵：做我這份工作的人，會如何利用工作之餘建立人
脈呢？

思考陷阱：那個人太資深了，怎麼可能有時間跟我聊？
正向激勵：那個人比我資深，但我總有什麼東西可以付出
（例如強項、經歷、觀點）。

思考陷阱：我和這個人不可能好好相處；我們兩人的關係，
不可能修復了。

正向**激勵**：我來觀察一下，這個人跟別人共事的情況。

我的思考陷阱

我的正向提問

✳ 如何靠自我教練，改善人際關係

接下來，我們要分享自我教練的心法，幫助你建立職涯發展必要的人脈，包括建立人脈和修復關係。

第一部分的內容如下：

➱ 如何畫出你的職涯社群。
➱ 行動建議：如何投資職涯中的密友、顧問和人脈。

第二部分的內容如下：

➱ 如何透過勇敢的對話和同理心，修復你跟主管的關係。
➱ 如果雙方差異太大了，難以修復關係，該如何做好自我教練呢？所謂的建設性衝突，到底有什麼好處呢？

第五章最後，我們邀請的專家是艾美・嘉露（Amy Gallo），著有《與人相處》（*Getting Along*）。如果你遇到跟自己不合的主管，不妨聽聽看嘉露的洞見以及務實建議。

第一部分：職涯社群 5/15/50

第一部分探討自我教練的心法，包括評估目前的職場關係，以及投資合適的人脈，為現在和未來的工作做好萬全準備。

心理學家羅伯特・鄧巴（Robin Dunbar）畢生研究的是，在同一個時間點，人可以處理多少段關係（稱為鄧巴數）。他認為平均起來，最親密的人大約有五個，通常是家人和最要好的朋友，再來是十五個信任的密友，以及一百五十個「泛泛」之交。鄧巴發現他的這份研究適用於各種情況，包括軍隊組織結構或企業團隊配置。接下來，我們會參考鄧巴數的架構，評估個人的職場關係，內圈有五個最親密的職場密友，再來是十五個信任的職涯顧問以及五十個職場人脈。我們針對每一個圈子，協助你評估目前的關係，透過自問自答，確認這些關係的品質。我們也會提供行動建議，教大家如何改善關係。你可能會發現，有些人同時是你的密友、顧問和職場人脈，這樣不必然有害，可是有太多重疊，就值得反省一下，職涯社群是否不夠「多元」（這正好是職涯關係的大原則之一）。

「大家總是說，
從過去的經驗學到教訓，
但我倒是認為，
重點是從別人的經驗學到教訓。」

瓦倫·巴菲特（Warren Buffet），
投資家

✳ 你的職涯社群

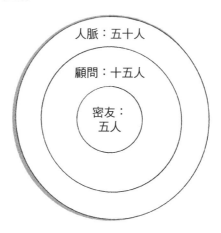

人脈：五十人

顧問：十五人

密友：
五人

✳ 五個人：職涯密友

所謂的職涯密友，比較偏向是朋友而非同事。這些關係需要長年的經營，投入足夠的時間和注意力，最後開花結果（否則面對最親密的人，我們經常不懂得珍惜）。每當職涯危機爆發，第一時間找的人就是職涯密友，但千萬不要等到危機發生了，才來維繫關係。

找出職涯密友

善用「誰是……」的問句，回想你目前的職涯，哪些人屬於密友。

⇨如果你在考慮新的工作機會，誰是你徵詢意見的對象？

⇨如果你跟同事處不好，誰是你聊心事的對象？

⇨如果你的事業有斬獲，誰是你一起慶祝的人？

⇨誰是願意說出忠言逆耳的人？

⇨誰是不隨便評斷你，無條件支持你的人？

我的五個職涯密友

1. _____

2. _____

3. _____

4. _____

5. _____

✷ 經營職涯密友

對職涯來說，密友不可或缺。你可能以為那些人一直都在，等你有需要的時候，再去找他們就好了。可是，你跟密友的關係，就如同其他關係，一樣需要愛護和關懷，保持關係活絡。下列三個行動建議，教大家如何建立職涯中的密友關係。

行動建議：你需要解方、諮詢或支持？

你跟職涯密友相處時，最好事先說清楚，你需要的是解方、諮詢或支持。這三種需求完全不同，密友的回應也不同。解方派想尋找行動建議，諮詢派想聆聽別人的觀點，支持派希望有人聽

自己說。因此，你跟職涯密友對話之前，不妨問一下自己：「我希望從這次對話獲得什麼？解方、諮詢、支持或其他？」如果你是給予的一方，換一個方式問：「我怎樣幫助你最好？你需要的是解方、諮詢或支持呢？」如此一來，你對關係的貢獻就更大了。

行動建議：一起解決問題

有一些難關特別艱辛，最好把幾個密友聚集起來，共同解決問題。這其實很簡單，例如拉幾個人的帳號，建立 WhatsApp 群組或一起在 Zoom 聊天。邀幾個密友，一起在群組裡針對你的問題發表意見，當他們看到別人的想法，可能會想出新的解方。密友說不定會感激你，讓他們有機會拓展人脈。

行動建議：體貼的道謝

平時把「謝謝」掛在嘴邊，對同事卻說不出口[31]。我們總以為，對方會自己接收到謝意，於是忘了「大聲」說出口。或者，我們覺得道謝是示弱的表現，象徵自己是求援的一方。未來你受到密友和職涯社群的幫忙，一定要讓對方知道。主動答謝，讓對方想起自己的貢獻，他助人的意願會更高喔！

> 感謝，可以改變一天，甚至改變一生，而你要做的事，就只有把謝意說出口。
> ——瑪格麗特·考辛斯（Margaret Cousins）

未來一個月，我可以做什麼事情，來經營我跟密友的關係呢？

✳ 十五個人：職涯顧問

你會有（大約）十五個職涯顧問，提供你支持，為你找出機會，提出建設性的質疑。這群人包括職涯導師、主管（過去或現在）、同儕、跟你同一個社交圈的人。

下一個練習，會評估目前的職涯顧問團，這些組成分子恰當嗎？首先，翻到下一頁，列出你職涯顧問團的成員。如果不滿15 人也沒有關係，下列四個問題，可以幫助你發現這些人：

1. 這個人是幫忙你目前的工作，還是協助你探索未來的職涯機會呢？
2. 這個人是會質疑你的人（提出尖銳的問題），還是會支持你的人（建立你的自信心）？
3. 這個人是跟你不同領域（例如不同的產業／公司），還是跟你有類似的工作經歷呢？
4. 這個人是跟你相似（有共同的**觀點／價值觀**），還是跟你有不同的想法，甚至意見相左呢？

有些顧問可能兼顧兩種功能，例如不僅對你目前的工作有幫助，還會協助你探索未來的職涯機會。做這項練習，是為了找出顧問的主要功能。

你的職涯顧問團					
名字	現在／未來	質疑／支持	圈外／圈內	不同／相似	特色
範例：羅伯特（莎拉的 15 個職涯顧問之一）	現在	質疑	圈內	相似	現在質疑圈內相似
1					
2					
3					
4					
5					
6					
7					
8					
9					
10					
11					
12					

13					
14					
15					

　　現在你寫好了，注意看最後一欄。有什麼發現呢？最理想的職涯顧問團，必須提供你全方位的支持，如果你在其中一個領域有太多「相似性」，就是採取行動的機會了！舉例來說，第五章開宗明義就說了，職涯顧問團常見的問題，就是有太多跟自己相似的人。如果你跟莎拉一樣，不太會面對衝突，那麼你的顧問團恐怕會缺乏質疑你的人。先回答下列問題，再來看行動建議。

自問自答─如何跟職涯顧問團建立關係？

自問自答─我的職涯顧問團缺乏哪些角色呢？

自問自答─誰可以幫忙我填補這些角色？（直接遞補上去或者充當介紹人）

行動建議：找出差異

　　找到跟自己不一樣的人，一起建立關係，並不是容易的事。這件事要做得好，必須花時間接觸不同觀點的人，那些人會做出你不苟同的決定，或者提出你沒想過的觀點。這些跟你行事作風相異的人，遠觀有一點可

一定要學習跟意見不合的人對話。
——皮特・西格
（Pete Seeger）

怕，卻可以成為你寶貴的職涯顧問，最有可能阻止你走舊路，或者說一些令你吃驚的話。就算意見不合，也可以建立正向的關係，面對跟你不一樣的人，最好採用「質疑並建議」的方法，這包含三個階段：

1. 你有沒有什麼專案或工作項目，特別需要不同的觀點或建設性批評呢？
2. 聯絡你想見面的人，聊到你最近負責的專案，讓對方知道下一次聚會時，你想要聽到對方的「質疑和建議」？
3. 「質疑和建議」的會議，必須小而美，最好是一對一，至多不超過四人（包含你在內），一旦超過四人，對話恐怕會不好追蹤和掌控。

　　我們兩人在職涯中，都用過這個方法，覺得很有效，可以跟各式各樣的人建立關係，定期舉辦這樣的聚會，有助於你在公司發揮影響力。

下個月，我要怎麼經營職涯顧問團呢？

✳ 五十個人：職涯人脈

所謂的職涯人脈，絕非你碰巧認識的五十個人，反之是你目前這個時刻，攸關你職涯發展的五十個人。你們見面的頻率，沒有密友或顧問團來得高，但你知道這些人有誰，你在什麼時候，如何向他們徵求意見、支持、建議。翻到下一個練習，一次列出你所有的職涯人脈，隨時回來查閱，確認你想深入經營哪幾段關係，或者你想建立什麼新關係。

✳ 如何整理你的職場人脈

⇨為了確認職場人脈，先翻到下一頁回答「誰是……」的問題。

⇨寫人名，而非一般的稱呼，例如不要寫「前主管」，要直接寫人名。

⇨有些人的名字可能出現一次以上。比方你的主管，同時是你的職涯導師；你的同事，不僅是你工作上的得利助手，也是平日的好朋友。

⇨除了公司的同事，也要納入其他公司的人。

⇨你職涯社群的每個人，不一定可以歸入「誰是……」的問題，這時候不妨寫在「對你職涯影響很大的其他人」。

✳ 我的職涯人脈

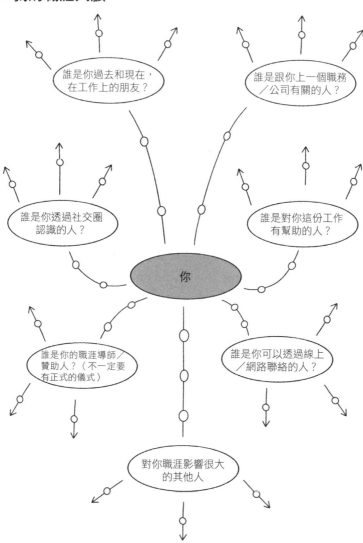

我有多少個的職場人脈？

_____

回想你的職場人脈，回答下列問題：

自問自答—畫完職場人脈圖，我有什麼發現呢？

_____

自問自答—我想要跟誰加強關係呢？

_____

自問自答—我的職涯人脈有什麼缺口呢？

_____

✳ 讓職場人脈保持活絡和活躍

同時維持好幾段關係，並不是容易的事，最好想一些簡單的方法，跟別人定期保持聯絡。下面分享兩個行動建議，幫助你輕鬆經營職涯人脈。

行動建議：五分鐘小忙

這是透過舉手之勞，給予別人支持，所以不在乎回報。如果連續兩個月，幫別人五分鐘小忙，兩個月過後，不知不覺就幫了

五十個人。這是在養成付出的好習慣，你
做的次數愈多，愈容易發現助人的機會。
我們兩人經常做的五分鐘小忙，包含下列
幾種：

善行再小，
也不白費。
——伊索寓言

1. 看到某人感興趣的文章／播客／書，特地轉貼給他。
2. 撮合你職涯社群的兩個人。
3. 在 LindedIn 網站寫推薦文。
4. 稱讚別人的強項，例如「你那天開會，表現很出色，因為……」
5. 發影像或語音訊息給別人，為他加油打氣。

行動建議：一次支持更多人

　　當你付出寶貴的東西，一次讓更多人受惠，其實是在善用你的時間和強項，例如海倫在 LinkedIn 發行電子報《迂迴職涯奇聞趣事報》（Squiggly Careers Curiosity），針對她職場上的人脈，分享各種主題的知識和想法。我們共同的朋友詹姆斯・沃特利（James Whatley），也經營一份出色的電子報，叫做《星期五的五件事》（Five Things on a Friday），他為了自己的人脈圈，及時整理切身相關的文章、影片和輿論。我們工作坊有一位學員，則是利用午休時間，開設寫程式入門課，開放所有的同事參加，一起精進寫程式的技巧。

下個月，我要怎麼經營職涯的人脈呢？

✳ 職場中的新朋友：一百五十人呢？

想必你發現了，我們並沒有納入「一百五十位新朋友」，因為在職業生涯中，這群人特別難以劃分和管理，但你至少可以影響這群人的流動，把所謂的職場新朋友，變成你未來的職涯人脈。該如何下手呢？最好每隔幾個月，去你不熟悉的地點和空間，跟別人進行非比尋常的談話。以海倫為例，她會透過 LinkedIn 或 Lunchclub.com 跟網友交流。至於莎拉，她現有的職涯社群，就可以介紹新的社交圈給她。

自問自答──我可以在哪裡投入時間，認識更多的職場新朋友，讓這些人成為我未來的職涯人脈？

自問自答──我還可以去什麼新地點或新空間，跟別人進行非比尋常的對話，讓未來的職涯人脈激盪新火花？

第二部分：修復關係

再怎麼努力經營，職場關係仍有可能出包：意見不合，人就有摩擦；行事風格不一，關係會失和；缺乏同理心和尊重，同事會互看不順眼。一旦發生這些事，工作氣氛怎麼可能好？第五章的第二部分，我們要探討職場關係的兩大挑戰：一是跟主管之間處不好，甚至關係破裂，二是跟同事有摩擦。我們分享的工具和行動建議，也適用於職場上其他的人際關係問題。

✳ 主管超重要

我們工作的感受，絕大部分受到主管影響。研究顯示，我們對工作的投入程度，有高達七成是上司決定的[32]。如果跟主管關係破裂或者關係冷淡，可能會影響工作日的心情，工作做不好，甚至想要換工作。市調公司蓋洛普發現，轉職的人之中，有高達五成是因為主管[33]。

✳ 勇於對話

跟主管重建關係，第一步就是勇於對話，對大多數人來說，這並不容易，畢竟要開啟棘手的聊天主題，不知道對方會有什麼反應，必須鼓起勇氣才行。此外，勇於對話也需要好奇心、頭腦清晰、自信。下列幾個行動建議，可以幫助你做好對話準備。

行動建議：認清情況

　　主動跟主管反應，他的行事風格、行動或行為，已經對你造成什麼影響。這聽起來很難做到，但絕對是解決問題最有效的方法。我們分享 SORT 架構，幫助你做好對話的準備，大致掌握討論的方向。所謂的 SORT，分別代表四個概念：

　　情況（**S**ituation）：目前是什麼情況？
　　觀察（**O**bservation）：你觀察到什麼行動／行為？
　　反應（**R**eaction）：你有什麼感受？
　　合力（**T**ogether）：如何一起向前邁進，推動工作？

　　你跟主管對話，沒必要按表操課，但是要把握一個重點，你要營造對話的氛圍，而非對峙的氛圍，如果你知道自己想要說什麼，預先做一些練習，可以提升你對話的信心。

✳ 培養對主管的同理心

　　跟主管處不好，可能有打仗的感覺，心裡忍不住劃分「敵我」。這是正常的反應，可是無濟於事，與其把主管看成敵人，還不如善用這個機會，培養你對主管的同理心。依照人生學校（The School of Life）的定義，同理心是「一種關鍵能力，在不違抗自我利益之下，把自己期望的事情做得更成功」。神經科學也主張，同理心是腦中的鏡像神經元，讓我們自然而然做出互惠的行為。如果你對主管展現同理心，主管就更有可能同理

你。哲學家羅曼・柯茲納里奇（Roman Krznaric）著有《同理心優勢》（*Empathy*），他認為每個人的同理心，都有很大的進步空間。「若要培養同理心，先把操作手冊擱著，直接展開經驗的冒險。」

下列兩個行動建議，可以落實在日常生活中，分別是換位思考與替補能力。

行動建議：換位思考

做換位思考，能夠站在主管的角度看事情。從此以後，你可以洞燭機先，預想主管可能面臨的挑戰，主動提出建言和解決辦法。現在透過自問自答，想像你主管目前的心態。

自問自答——什麼事情可能會導致主管熬夜辦公？

自問自答——主管大部分的時間，都花在什麼事情上？

自問自答——什麼是主管工作的動機和動力？

自問自答——如果我在主管這個位子，面對同樣的情況，我會有什麼想法、感受和行為？

行動建議：候補能力

主管不僅要管理下屬，還要處理很多優先事項和壓力。主管有專案和計畫要忙，也要撥時間指導下屬，開發下屬的潛能。主管不好當，如果不清楚主管的業務內容，恐怕難以發揮同理心。為了認識主管的職務，不妨親自做做看，例如主管休假的時候，代替主管去開會，或者主管忙翻的時候，主動幫忙主管處理一些事。這其實沒有聽起來那麼可怕，因為你只是代理而已，別人對於你通常不會有主管的期待，而你卻有大好機會，體驗主管的真實生活。

如何培養對主管的同理心？

✳ 現實職場中，如何修復跟主管的關係

　　如果你開始勇於對話，培養對主管的同理心，就是在修復跟主管的關係，相信不久之後，關係就會改善了，例如你跟主管聊天的氣氛變好了，你從主管身上學到更多東西，或者你懂得預想主管的需求。可是有時候，所有該做的事都做了，關係依然沒好轉，我們建議給自己一個時限，如果關係再沒有好轉，就應該尋找其他選項，就算有離職的打算，仍可善用最後的時間，努力跟主管打好關係，從中累積經驗。

✳ 面對難搞的人

　　我們在職業生涯中，偶爾會遇到難搞、不想打交道的人。我們會覺得對方難搞，通常有兩個原因：

1. 對方的想法和行為，跟我們不一樣。
2. 對方刻意在大家面前，跟我們發生爭執。

　　下面探討這兩個原因，並且提出行動建議，幫助你改善職場關係。

✳ 雙方有差異，諸事不順

　　每個人來到職場工作，都會帶著自己的觀點、預設和行事風格，這就是個人的獨特性和差異。差異是有用的，可以激發創

意，幫忙解決問題，但如果對方的想法和行為，跟我們的世界觀衝突了，差異就會導致摩擦。有的是小摩擦，令人心煩，例如你話講到一半，突然被人打斷。有的是大摩擦，可能會妨礙你發展，例如刻意排擠你，不讓你開會。

個性對人際互動也有影響。雙方個性互補，容易建立連結，甚至會有歸屬感。雙方個性互斥，徒增相處的難度和痛苦。現在有很多心理測驗工具，可以為我們自己以及共事的對象「歸類」，例如 DISC 人格分析與四色人格測試（Insight Discovery），你心裡會有個譜，知道哪些性格跟你互補，哪些性格跟你互斥。我們運用這些工具背後的原則，教大家診斷棘手的關係，想出最有效的回應方式。

✷ 你是什麼形狀？

下一頁列出四種形狀，分別簡述如下。先聲明一下，並沒有哪一個形狀特別優秀。為什麼要做這個練習呢？這是為了想像一段棘手的關係，你和對方可能有什麼反應，畢竟在這種情況下，大家不可能有好臉色。面對棘手關係，大家處理的能力是平等的。

激昂的六角形

可能的行為
固執己見。不聽別人的意見就貿然行事。把進展看得比人更重要。個性暴躁，沒有耐心，待人苛刻。

可能說的話
「我們想太多了。」
「我們要進步。」

重視資料的菱形

可能的行為
收集資訊，追求細節。把證據看得比同理心更重要。個性固執，墨守成規。

可能說的話
「資料還不夠，細節也不夠。」
「你有什麼證據？」

多話的三角形

可能的行為
說太多，說話速度太快。容易興奮和情緒化。把感受看得比事實更重要。如果感覺受人排擠，容易自以為是，爭辯到底。

可能說的話
「你不懂啦！」
「太慘了！」

尋求共識的圓形

可能的行為
不習慣做決策。不喜歡成為焦點。把共識看得比問題更重要。小心翼翼地，反而給自己製造壓力。

可能說的話
「你怎麼看？」
「你開心，我就開心。」

你已經搞懂這些形狀，也知道各自特質，現在來回答問題：

自問自答—面對棘手的關係時，我偏向哪一個形狀？

自問自答—處理棘手的關係時，我會有什麼行為？

自問自答—什麼是我會說的話？

自問自答—對我而言，哪一個形狀的人最難搞？

自問自答—我剛好面臨棘手的關係，對方偏向哪一個形狀？

✳ 化解摩擦

你現在已經清楚自己在面對棘手的關係時，可能會有什麼反應，以及你共事的對象屬於什麼形狀。接下來，你要擬定行動對策，改善你跟對方的關係。你不一定要裝成別人或者「改變形狀」；你只要調整一下行事作風，關係就會有很大的改變。下一頁表格，把你跟對方的形狀加以配對，確認雙方關係有什麼風險，以及該如何應變。

對方是什麼形狀？				
	激昂的 六角形	重視資料的 菱形	多話的 三角形	追求共識的 圓形
你是什麼形狀？ 激昂的六角形 ⬡	**風險** 雙方都堅持己見，容易一言不合。 **應變** 學習理解和傾聽。	**風險** 你希望事情有進展，但對方注重細節。 **應變** 敲定最後的期限。徵求對方意見。	**風險** 對方看到你缺乏正能量，而感到灰心。 **應變** 找個時間，兩人私底下談一談。	**風險** 如果你排除某些人，對方會很生氣。 **應變** 做任何行動之前，主動徵詢別人的意見。
重視資料的菱形 ◇	**風險** 你想找正確答案，對方卻急著做事和向前進。 **應變** 關心對方會在意的事，你的意見和資料說不定會派上用場。	**風險** 你們只顧著分析，彼此工作重疊。 **應變** 敲定明確的期限、期待、職務和責任。	**風險** 你發現大家失焦了而感到沮喪，對方卻怪你太悲觀。 **應變** 設法讓對方明白，你的作法可以把格局變大，把事情做好。	**風險** 你就事論事，對方卻覺得你不顧別人的感受，開始質疑你的作法。 **應變** 整合對方的意見和你本身的資料，共創更美好的結果。

對方是什麼形狀？				
		激昂的 六角形	重視資料的 菱形	多話的 三角形	追求共識的 圓形
你是什麼形狀？	**多話的三角形**	**風險** 對方覺得你沒抓到重點，感到灰心喪氣。 **應變** 麻煩對方說清楚，何時必須完工，何時需要你的協助，以及什麼樣的協助。	**風險** 當你覺得對方說話無聊，注意力開始渙散，對方感到受傷。 **應變** 開個小會議，鎖定首要問題以及最重要的評估指標。	**風險** 你們說了太多話，卻沒有完成什麼事。 **應變** 會議時間必須平均分配，除了上次會議的討論事項，還要加入一些新事項。	**風險** 對方想追求共識，你卻提不起勁。 **應變** 加快對方的做事速度，快一點走完議程。
	追求共識的圓形	**風險** 對方忽略你的建議，你覺得對方缺乏耐性和敏感度。 **應變** 加開會議，把你來不及分享的意見和建議說出來。	**風險** 對方直來直往，喜歡追根究柢，讓你很想逃。 **應變** 提出開放性的問題，引導對方思索事實／資料背後的意義，例如什麼才是好的。	**風險** 你覺得對方說話太浮誇，不懂得傾聽。 **應變** 積極傾聽，試著分享關鍵的訊息，讓大家達成共識。	**風險** 雙方都覺得情況會好轉，不希望彼此衝突，事情難有進展。 **應變** 鎖定小行動或小成果，例如做一些小行動改變情勢。

自問自答—我可以採取什麼行動，減少我跟同事的摩
擦？

✳ 雙方意見不合，諸事不順

意見不合，不代表一定就難相處；有衝突，也不代表一定像
打仗一樣。衝突專家艾美・嘉露（Amy Gallo）發現，建設性的
衝突（constructive conflicts）反而會提升工作成果，也是學習和
成長的機會，工作滿意度會因此提高，創造一個更包容的工作環
境[34]。透過自我教練，提升衝突應變力，正是建立高效職場關係
的關鍵。

✳ 你發動者還是逃避者？

我們探討建設性衝突之前，先來確認一下，你是衝突發動者
還是逃避者？你可能心裡有譜，下面詳細的解說，可以幫助你深
入反思。

發動者	逃避者
最有可能說 「我們來談一談。」 「我不同意。」	**最有可能說** 「可以待會再談嗎？」 「這不是問題。」
最有可能做 在衝突的最高點寄信給大家。 對方還在說話，就急著起身。 主導整場對話。	**最有可能做** 升起防衛心，趕緊撤退。 開完會，才在那邊抱怨。 用幽默掩飾內心的感受。

　　翻到下一頁，回答幾個問題，確認你面對衝突的習慣，這跟你的主管同事有什麼關係呢？

評估你面對衝突的習慣

發動者　　　　　　　　　　　　　　　　　　逃避者

◀─────────────────────────────▶

你主管面對衝突的習慣（發動者／逃避者）。

對你而言，最難對付的是發動者，還是逃避者？

下面幾個行動建議，可以創造建設性衝突的折衷點。每個人都有化解衝突的機會！

✳ 發動者＋發動者

雙方的對話可能充滿火藥味，無止盡的辯論和討論，卻沒有解決問題。每個人都堅持己見，難以妥協。發動者喜歡主導談話，聽不清楚對方的觀點。

行動建議：從設定規則做起

設定參與規則，對發動者比較好。建立清楚的架構，給每個人發言機會，以免偏離正軌。規則可以明確一點，例如會議一開始，給每個人五分鐘，針對特定主題發表意見，然後再討論十五分鐘，一起決定優先事項和行動。此外，由中立第三方主持會議，可以確保對話的過程，維持適合步調，不偏離主旨。

✱ 發動者＋逃避者

雙方的對話，令人感到挫敗。發動者想要好好辯論，逃避者卻拚命逃避。結果呢？發動者沒徵求逃避者的同意，就擅自去做了。最糟糕的是，逃避者還偷偷扯後腿。

行動建議：從互相支持做起

這就是雙方的折衷點。發動的一方，試著探出窗外，給逃避者一些空間。逃避的一方，探入窗內，盡量參與對話。什麼意思呢？發動者盡量專心傾聽，不打斷對方。逃避者主動提問，建議可能的選項。為了找到折衷點，一定要釐清雙方看重的目標，設法團隊合作，互相支持，以免衝突升高，演變成戰爭。

✱ 逃避者＋逃避者

雙方的對話，可能陷入僵局，因為沒有人想要發表意見。更慘的是根本沒發現彼此意見不合。這樣除了要化解衝突，雙方還要練習覺察的功夫。

行動建議：主動創造情境

　　主動創造情境，鼓勵雙方對話，例如趁開會的時候，提議三個專案走向，邀請在場每個人，說出各種走向的優缺點。如果是逃避衝突的人，應該會覺得這種參與方式是「安全的」，因為大家都在發表意見，逃避者自然就樂於對話。此外，當面討論之前，先寫信討論，也有助於對話進行。

✳ 追求折衷點的協調者

　　這些人既非逃避者，也非發動者。協調者的強項就是創造建設性的衝突。你想必看過「協調者」大顯神威，他們個性平靜堅定，即使對話過程不順利，仍有辦法把對話導回正軌。協調者眼觀四方，注意誰沒有發言。協調者也懂得化解緊張。想一想你現在的同事，誰是追求折衷點的協調者呢？他們的強項是什麼？向他們討教，學習建設性衝突的技巧。

向專家取經：艾美‧嘉露（Amy Gallo），著有《與人相處：如何與任何人共事》（Getting Along: How to work with Anyone）。

　跟主管意見不合，令人心煩意亂，
　但只要尊重對方，懷抱著信心，
　就可以改善工作品質和關係。

自我教練的難題：我跟主管意見不合，我到底該怎麼做，才不會惹麻煩，或者給人失禮的感覺？

專家回答：主管的意見很重要，畢竟在職涯的主要層面，主管握有生殺大權，包括你在哪裡工作、你何時工作、你參與什麼專案、你拿到多少薪水，乃至你在公司的發展。

附和主管的意見，當然很容易，而且老實說，有一些老闆就是喜歡乖乖牌。可是，不發表意見，其實有害處，可能會錯失良機。如果不想當乖乖牌，不妨考慮下列建議：

翻轉風險評估

一般人想到發表意見，總往壞處想，現在反過來想！如果你不說真話，會有什麼風險？例如計畫可能會打亂，你可能會失去團隊的信任。接下來，評估說真話的潛在影響，盡量務實一點。雖然有顧慮是必要的，但絕對不可能因為說真話，就被公司炒魷魚或者從此跟對方為敵。

發表不同意見前，先徵求主管同意

丟出某個議題，觀察一下你主管，有沒有聽取忠言的肚量。你不妨聲明，你有不同的意見，先徵求主管的同意再說，例如「我倒是不這麼想，請問我可以發表看法嗎？」這種說法似乎太恭敬了，但主管聽在耳裡，會覺得一切都在掌控中，不會措手不及。當你提出這種要求，主管通常不會拒

絕你。如果主管拒絕你，你至少知道該如何應對，但如果主管答應了，既然是主管自願的，你發表不同的意見時，就會更有自信。

別急著下評斷

重述主管的論點，讓主管知道你都有聽懂。你發言的時候，必須有自信，放慢講話速度 —— 你的語調甚至要平靜，能夠安撫自己和對方的心。你分享個人意見時，只陳述事實，不要下任何評斷，盡量迴避「輕率」、「愚蠢」或「錯誤」等詞語，以免激怒主管。你要做的就是單純表達意見，包容任何討論。

尊重主管的權威

主管是最後做決策的人，你必須承認這件事，比方你可以這麼說：「這件事由你決定，但我想要發表個人意見」，這種說法不阿諛奉承，也沒有貶低自己。一個好主管，會希望大家發表意見，包括跟自己不同的意見。

這裡分享一個好消息，只要你做過一次，第二次就會更上手。跟主管意見不合，令人心煩意亂，但只要尊重對方，懷抱著信心，就可以改善工作品質和關係。

◆COACH 教練架構

有了 COACH 教練架構，你可以統整第五章到目前為止，你所有的想法和反思，克服你目前在職涯的挑戰。花一點時間統整你的見解，你會更清楚自己的行動，對自己更有信心，爭取必要的支持。平常多練習 COACH 教練架構，未來在職涯或工作面臨挑戰，大多可以克服。

COACH

清晰（Clarity）：你在自我教練的過程中，面對什麼考驗？

選項（Options）：你看到什麼選項呢？

行動（Action）：你會採取什麼行動呢？

自信（Confidence）：你相信自己會完成這些行動嗎？

求助（Help）：為了通過這些考驗，你需要什麼幫助呢？

◆摘要

關係：如何建立必要的事業人脈
「若不是別人傳球給我，我可能沒有辦法射門得分。」 艾比・溫巴赫（Abby Wambach）

為什麼需要自我教練？	自我教練的觀念
我們建立的關係，會影響工作的成就感、學習和成就。 一段難熬的關係，有可能占滿你的時間，榨乾你的精力。透過自我教練，可以認清自己在衝突中扮演的角色，修復重要的職涯關係。	基於三大原則，建立專屬於你的職涯社群： 差異：創造多元的人脈，帶給你不同的想法和觀點。 距離：結交支持你、同理你的人（強連結），還有知識背景跟你不同的人（弱連結）。 奉獻：想一想你有什麼可以付出的，進而建立深厚的關係。

教練工具

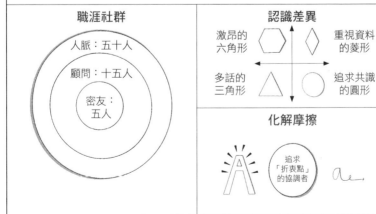

職涯社群

人脈：五十人

顧問：十五人

密友：五人

認識差異

激昂的六角形　　重視資料的菱形

多話的三角形　　追求共識的圓形

化解摩擦

A

追求「折衷點」的協調者

自問自答：

1. 出社會以後，我做什麼事情可以打好職涯關係呢？

2. 對於我想要建立的人脈，我有什麼可以付出的？

3. 我該如何分配自己的心力，一邊維繫舊關係，一邊建立新關係？

4. 對我來說，什麼關係特別的難搞？

5. 從那些擁有不同技能、觀點和經驗的人身上，我可以學到什麼呢？

播客	免費下載
收聽我們「迂迴而上的職涯」（Squiggly Careers）播客節目，第 146 集的嘉賓是艾美·嘉露（Amy Gallo）	www.amazingif.com

「深厚的人際連結……
既是人生意義的目的，也是結果。」

梅琳達・蓋茲
（Melinda French Gates）

「我們向前邁進，開啟更多扇門，
嘗試更多新事物，
因為我們有好奇心……
好奇心一直帶領著我們，
踏上新的旅途。」

華特・迪士尼
（Walt Disney）

CH.6
發展

前進的動力

✳ 發展：為什麼需要自我教練？

1. 主動追求發展，才會有更多選擇，這樣在未來的職涯，就不怕變動。
2. 把職涯發展掌握在自己手中，提高對職涯的掌控力，便不會依賴別人。

✳ 主動追求發展

職涯發展不只是升遷，這象徵在職涯中持續前進。如果原地踏步，就容易受到環境波動影響。一項技能的壽命，平均不到五年，由此可見，即使未來五年都待在相同的職位，光憑本來的知識，恐怕做不好工作[35]。

> 我這個人不做計畫，因為我做了計畫，就會受限於今日的選擇。
> ——雪柔・桑德伯格（Sheryl Sandberg）

　　你透過職涯發展，可以提升選項、適應力和機會，例如忘卻所學和重新學習，不怕從零開始學，不斷嘗試和探索，都可以培養自信。實現職涯發展，就不怕環境波動，就算有突發事件發生，也能從容以對。

✳ 成為職涯的主人

　　工作突發狀況多，事情總是做不完，光是做白天的工作就沒時間了，怎麼可能去思考長期發展呢？大家都期望，若每天辛勤工作和付出心力，未來一定有職涯發展的機會。只不過，這樣埋頭苦幹，其實是把職涯發展交到別人手上，仰仗自己控制不了的外在力量和因子。一旦發展情況不如所願，我們會感到挫敗、憤恨和卡關。反之，成為職涯的主人，把職涯的發展和方向都掌握在自己手上。你會主動創造新職務或新專案，而非傻傻等待別人的邀請。

✳ 什麼是職涯發展？

　　說到職涯發展，以前只有職涯階梯的意思。每個人對於成功和工作的看法大致相同，反正就是跟隨前輩的腳步。學習的範圍只限於升遷所需。職涯發展有固定的套數，職涯前景缺乏可能性。然而，隨著企業轉型，線性的職涯發展愈來愈流動，突然冒出一堆發展路徑。職涯發展跟自己切身相關，每個人都獨一無二，沒有藍圖可以參考。職涯發展包山包海，包括學習新技能、規劃新的工作模式、升遷當主管等。主動追求發展，是你成長、探索和發現新方向的大好機會。

「每一個成功的故事，
不外乎是持續調適、修正和改變。」

理查·布蘭森（Richard Branson），
企業家

✳ 迫於壓力 vs. 順著自己的步調

　　回顧你的職涯發展，可能會感到「發展壓力」，覺得自己做得不夠好。你大概是看了社群媒體，發現大家都火力全開，本業做得嚇嚇叫，甚至還開啟副業，學習新技能。至少表面看起來，你的同儕或朋友「都在進步」，但每個人的職涯不同，別忘了，我們對外描述職涯發展，大多只會分享「最精彩的部分」[36]。你有自己的發展步調，隨著不同的職涯階段而改變。第六章的自我教練功課，切忌為發展而發展，不要給自己太多壓力。反之，你要審慎思考，怎樣才是你最期待的發展方式。

✳ 現成的獎賞 vs. 個人化發展

　　傳統的職涯階梯，有太多「現成的獎賞」，包括考績、分紅、升遷、響亮的職稱，發布在名人牆上（亦即你的履歷）。久而久之，大家習慣仰賴這些現成的獎賞，來彰顯自己的職涯發展。然而，這些獎賞誤人太深，跟工作表現難以畫上等號[37]，無助於長期成長和發展，搞不好還會導致創造力下滑，誠如康乃爾大學教授約翰·康德利（John Condry）所言，拜師長和主管所賜，我們愈來愈難脫離現成的獎賞，因為早就習慣「做了這件事，就可以獲得那個獎賞」的思維模式，可是追求這些獎賞，並非真正的發展。獎賞是發展過後的結果，充其量只是發展的一部分而已。

✴ 打破思考陷阱，獲得正向激勵

打破思考陷阱，注入正向激勵，揪出你想法背後的前提假設，把自我教練風格變得更開放樂觀。

⇨ 我一定要升遷，這樣才叫做發展。

⇨ 如果我原地踏步，就會停止學習。

⇨ 我現階段的職涯發展還不夠（我要升到更高的職位／賺更多薪水／承擔更多責任）。

⇨ 如果不犧牲其他生活層面（工作彈性、家庭等），我就不可能有發展。

⇨ 我想要做不同的嘗試，但這是在走回頭路。

現在把思考陷阱轉為正向提問，放下前提假設，進而探索不同的選項和可能性。

思考陷阱：我一定要升遷，這樣才叫做發展。

正向提問：除了升遷之外，還可以想到其他三種發展方式嗎？

思考陷阱：如果我原地踏步，就會停止學習。

正向提問：如果待在原來的職位，該如何創造新機會呢？

思考陷阱：我現階段的職涯發展還不夠。

正向提問：我到目前為止，有什麼值得驕傲的職涯成就？

思考陷阱：如果不犧牲其他生活層面，我就不可能有發展。

正向提問：我現在可以把時間投注在哪裡，等到時機對了，就可以衝刺職涯發展？

思考陷阱：我想要做不同的嘗試，但這是在走回頭路。

正向提問：現在走什麼回頭路，可以促進我未來的發展呢？

我的思考陷阱

_____

我的正向提問

_____

如何靠自我教練，追求職涯發展

如果你打算靠自我教練，追求職涯發展，不外乎有這兩個念頭：我想要探索職涯發展的可能性／我對於職涯發展有一些構想，但需要外力協助，才得以實現。因此，第六章分成兩個部分，一次解決這兩個難題。

第一部分的內容如下：

↪對你而言，什麼是職涯發展？
↪如何發現各種職涯發展的選項和機會？
↪怎樣的職涯發展對目前的你最重要呢？

第二部分針對你最重視的職涯發展，提供一些行動建議。

↪如何制定你的職涯發展原型？
↪如何確保你獲得必要的支持？

第六章最後，我們邀請到《美麗的限制》（*A Beautiful Constraint*）的作者亞當・摩根（Adam Morgan），跟大家分享職涯發展卡關時，該如何善用「頑強調適的心態」（stubbornly adaptive mindset）以及套用「如果……就可以」的句型。

第一部分：從動力找到意義

當我們知道發展的動機，職涯發展這件事，不再是「應該做」或「必須做」，而是我們真心期待的事情，愈做愈有勁。尋找意義之前，先翻到下一頁，列舉三個你職涯發展的例子，針對每一個經驗，寫下好與壞的一面。參考莎拉的例子，有助於深入反思。

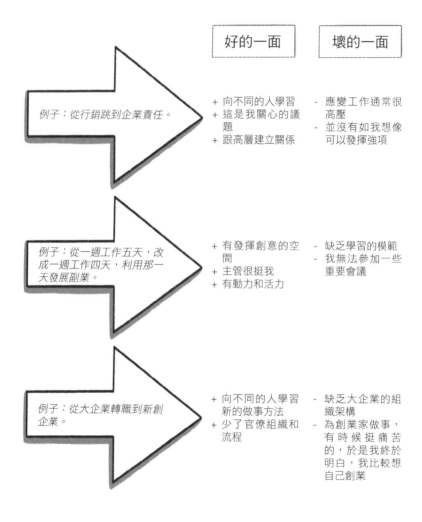

好的一面　壞的一面

例子：從行銷跳到企業責任。

+ 向不同的人學習
+ 這是我關心的議題
+ 跟高層建立關係

- 應變工作通常很高壓
- 並沒有如我想像可以發揮強項

例子：從一週工作五天，改成一週工作四天，利用那一天發展副業。

+ 有發揮創意的空間
+ 主管很挺我
+ 有動力和活力

- 缺乏學習的模範
- 我無法參加一些重要會議

例子：從大企業轉職到新創企業。

+ 向不同的人學習新的做事方法
+ 少了官僚組織和流程

- 缺乏大企業的組織架構
- 為創業家做事，有時候挺痛苦的，於是我終於明白，我比較想自己創業

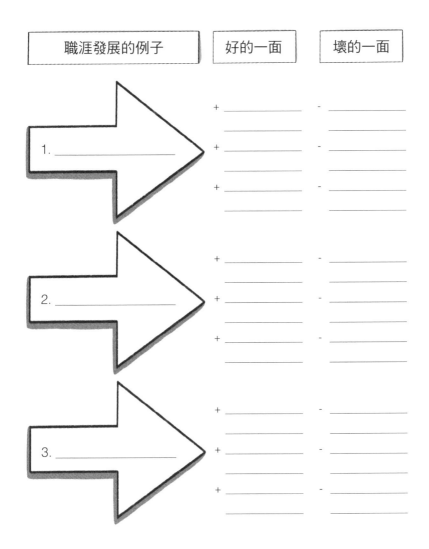

職涯發展的例子	好的一面	壞的一面

1. _____

\+ _____
\+ _____
\+ _____

\- _____
\- _____
\- _____

2. _____

\+ _____
\+ _____
\+ _____

\- _____
\- _____
\- _____

3. _____

\+ _____
\+ _____
\+ _____

\- _____
\- _____
\- _____

　　參考你的職涯發展實例（不要只寫三個，寫愈多愈好！），好好思考一下，職涯發展對你有什麼意義。下面這張表格有很多名詞，圈出你覺得跟職涯發展有關的名詞。過程中，如果有想到其他名詞，填入最後幾個空格。

為什麼職涯發展對我很重要？			
成功	自豪	意圖	成就
作用力	生產力	認可	抱負
滿足	潛力	方向	價值
使命	動力	精進	成績
意義	地位	樂趣	影響力
掌控	重要性	學習	機會
成長			

　　參考前面的筆記，回答下列問題：

自問自答—哪幾個職涯發展的實例，對我最有意義呢？

_____

_____

自問自答—為什麼對我而言，這幾個實例是正面的？

_____

_____

自問自答──哪幾個職涯發展的實例，對我最沒意義呢？

_____

_____

自問自答──為什麼對我而言，這幾個實例沒那麼正面？

_____

_____

自問自答──自問職涯發展的意義時，我心中聯想到什麼字？

_____

_____

先總結你目前為止的想法，再繼續探索職涯發展的可能性。

我重視職涯發展，是因為：

_____

✸ 職涯發展的可能性

接下來的練習，即將探索天馬行空的選項、目標和構想，暫且放下限制、濾鏡或現實考量（這些待會再說）。平淡無奇的選項，當然值得你考慮，但這個練習要追求不凡！如果你想不出

來，不妨去散步、淋浴、泡咖啡，切換一下環境，就可以激盪新的想法。

✳ 你的職涯發展行星

　　這項練習要畫出職涯太陽系，列出你潛在的發展選擇。有一些職涯前景，你可能十分熟悉，有一些卻是未知的冒險。現在這個階段，先不要給自己設限，任由職涯開展吧！

　　步驟一：在「你這顆行星」四周，寫出你想到的職涯前景。

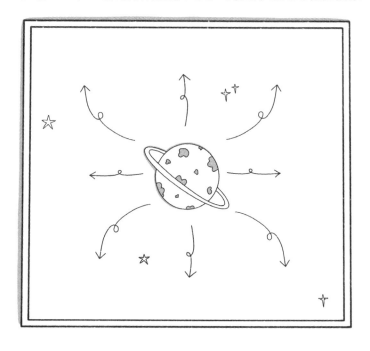

步驟二：你已經展開探索旅程，現在參考我們的範例，如果有你喜歡的，隨時可以填到你的職涯太陽系。

職涯前景一範例		
借調	工作重塑	工作重新設計
學習機會	升遷	副業
換工作	管理	當人生導師
內部專案	職涯觀察	做志工
建立個人品牌	創造新的職務	平級調動

✳ 職涯前景一我們的例子

下面分享我們實現職涯前景的小故事。這些前景並非憑空出現，而是我們刻意創造的，因為對我們和職涯來說，這些前景都富有意義。這類「成功」的小故事聽起來容易，但其實都需要堅持、花時間和創意思考。

創造新的職務

我們兩人在英國保健美容業 Boots 服務過，那是為期兩年的大專生就業輔導計畫。依照人資部門的規定，每位參與者每半年就要輪調一次。

當時莎拉看見新機會，於是換一個方式，聯絡跟 Boots 合作過的供應商，自行創造一個新職務，為自己拓展商業經歷。莎拉的方法非常前衛，她是直接創造一個從未存在過的發展前景。

平級調動

海倫換到能源產業的意昂集團（E.ON），工作不滿三個月，就向公司申請平級調動，新職位更符合她的能力和專業。她是怎麼辦到的呢？她先跟新職位的主管打好關係，談到她自己的能力對新團隊有什麼貢獻。進到新公司沒多久，隨即便有機會調換職位，這有別於一般的職涯發展路徑。海倫之所以能夠實現，是因為她有明確的調職計畫，並且從內部相關人士下手，爭取支持。

工作重新設計

莎拉在英國連鎖超市森寶利（Sainsbury's）工作過，在那段期間，她重新協調工作時間，讓她可以繼續當主管，每星期還可以騰出一天發展我們的事業「優職」（Amazing If）。對森寶利公司來說，這開了職涯管理的先例，因為這種彈性工作制度，一向是家長申請居多。莎拉之所以能夠實現，是因為她自行研擬每星期四天的工作計畫，加上她在團隊內部早已建立信任感，尤其是主管對她的信任。

學習機會

海倫待過第一資本（Capital One）和維珍（Virgin）兩家公司，當時她沒有其他發展的可能，於是把主力放在學習機會上。她調查市面上有利職涯發展的課程，藉由商業論證呈現投報率（包括她學成歸來，可以把自己的所學，傳授給同事），並且

向高階主管大力推銷。經過多次的討論，海倫終於爭取到資金，有機會進一步深造，取得證書執照，對長期的職涯發展大有幫助。

做志工

莎拉想支持別人的職涯發展，於是成立「鼓舞」（Inspire）這個志工團體，定期舉辦領袖高峰會，募款支持出身貧寒的創業者，這堪稱是莎拉最積極正向的職涯發展案例。她有機會向不同的人學習，找到發揮強項的新舞臺，並且提升自己的影響力。

✴ 找出優先的發展項目

你看了很多發展前景，想必躍躍欲試。你當然可以同時並進，但做人還是要務實一點，先認清自己的能耐。下列兩個問題，可以幫你找出優先發展項目：

1. 當你想到這個前景，是不是渾身有勁，滿心期待？
2. 這個前景有沒有符合職涯發展對你的意義（翻到第 248 頁「為什麼職涯發展對我很重要？」的表格核對）。

現在來比較各種職涯前景。參考上述兩個問題的答案，把每一個職涯前景分門別類，填在下一頁的矩陣。你可能有一堆前景都擠在某個象限，導致其他象限完全空白。沒關係，這沒有「正確」答案！

✳ 找出優先的發展項目

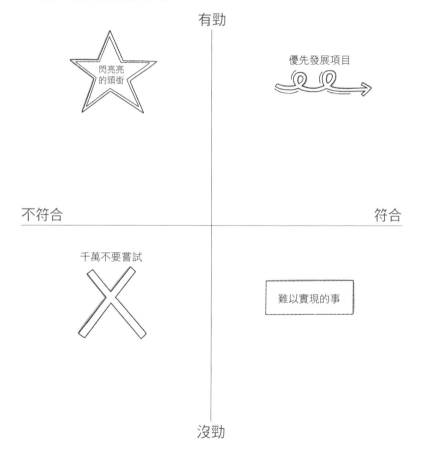

你的職涯前景落在哪些象限呢？不同的象限有各自適合的探索方式喔！下一頁會針對四個象限，各自分享我們的行動建議。

✳ 優先發展項目＝著手規劃，爭取支持

這些發展機會，對你而言，特別有探索的動力。你覺得有趣、有意義，跟你的未來不謀而合。海倫待在微軟時，探索各種發展前景，好多個都很有趣，始終拿不定主意，直到她開始思考，哪一個發展前景，對她而言特別有意義，總算有清楚的排序。於是，她對於自己做的職涯決定更有信心了，最後決定換跑道，專心發展我們的事業（她這個人呀，從來不做後悔的決定！）。

✳ 閃亮亮的頭銜＝不要分心了！

閃亮亮的頭銜，例如升遷或執照，看似很誘人。大家花很多時間和心力，拚命追求這些東西。然而，這只是職涯發展的一小部分，不太可能是你工作的意義所在。當心呀！別過度追求閃亮亮的頭銜，這些東西在中長期之後，不太可能繼續激勵你前進。莎拉有一位朋友，勇敢回絕沒意義的升遷，也就是「閃亮亮的頭銜」，反之，她選擇可以累積經驗的職務。雖然她還是想升遷，可是她相信未來有一天，她終究會升遷，只是晚一點而已（確實是這樣！）。

✳ 千萬不要嘗試＝按兵不動

你會考慮這些發展前景，大概是看到別人有在做或者覺得自己應該做，但不見得適合你。莎拉曾經有平級調動的機會，可以更快升主管，一般人應該會把握良機，可是對莎拉來說，這個職

位不值得期待，也不符合職涯發展對她的意義（就像之前說的，只是為發展而發展），於是她反其道而行，「慢慢來」，反而對她比較好。

✳ 難以實現的事＝深入探索

難以實現的事，雖然符合職涯發展對你的意義，你卻不太期待，因為你覺得遙不可及、有一點難度。然而，只要付出一些努力，盡情探索和克服阻礙，過了一段時間，即使是「難以實現的事」，也會變成「優先發展項目」。海倫的個案就是很棒的例子，她想成為「永續長」，但這不是她目前的職務。她很清楚自己想發展的方向，但就是覺得遙不可及，所以心灰意冷。她和海倫一起研擬計畫，透過調整社交圈和做志工，以及提升自己在新領域的名氣，逐漸拉近了自己跟這個職涯的距離。她採取的行動愈多，她對於這個職涯前景就愈期待，因為她的前進方向正確，她愈發覺得，一切的努力都是值得的。

進入第二部分之前，先寫下兩個優先發展項目：

我的優先發展項目：

1. _____

  _____

2. _____

_____

第二部分：原型設計

第二部分探討的是，為了實現優先發展項目該採取什麼行動呢？我們會介紹原型設計（prototyping）的觀念，幫助你測試、學習以及創意思考，實現你期望的職涯前景。接下來，分享自我教練的心法，幫助你爭取必要的支持。

> 「一幅畫，勝過千言萬語。同樣的，
> 一個原型設計，也勝過無數場會議。」
> *IDEO* 設計公司

如果看不清所有的答案，或者看不到完美的解決方案，不妨向設計和工程領域取經，借用「原型設計」的觀念來應用。原型設計的本意為「一邊測試，一邊學習」，瑪格麗特・赫弗南（Margaret Heffernan）在《前途未卜》（*Uncharted*）曾說過，這個世界瞬息萬變，為自己想開創的未來，做好原型設計，正是大家需要練習的能力。

做這個練習，最好準備便利貼，或者 Miro 或 Mural 等白板程式。當你開始做原型設計，記得捫心一問：為什麼這個職涯前

景對你有意義呢？探討為*什麼*和*什麼*的問題，心中會浮現更多的
點子。每一個點子都很寶貴，當然又有一些點子特別管用。我們
在後面幾頁，先列舉幾個範例，你看了之後，就知道原型設計該
怎麼做，我們還預留一些空格，讓你盡情塗鴉。

原型設計有三個步驟：

步驟一：什麼——寫下你的優先發展項目。

步驟二：為什麼——寫下這個項目對你的意義。

步驟三：怎麼做——寫下你設想的發展方式。

✳ 做原型設計 範例一：當主管

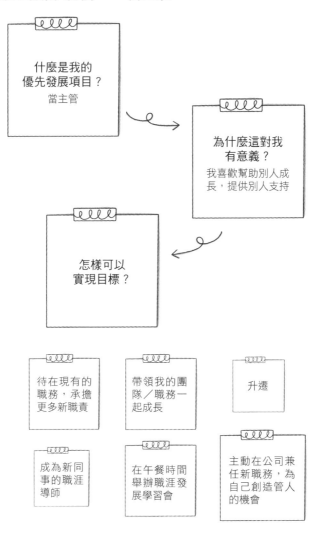

✴ 做原型設計 範例二：每星期工作四天

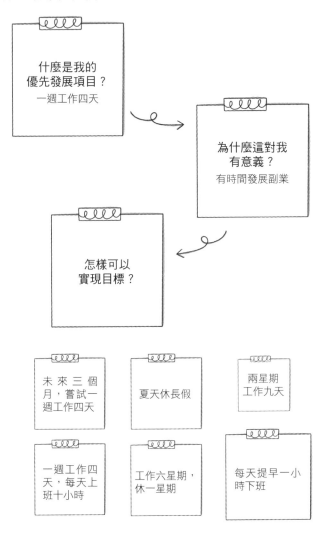

✳ 做原型設計

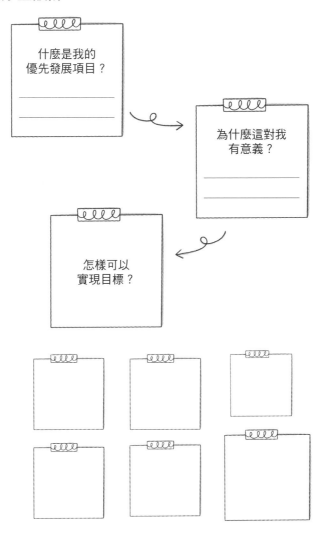

✳ 爭取支持

　　爭取別人的支持，是你實現職涯前景的關鍵。支持的類型有很多，例如主管為你說話、另一半幫忙顧小孩，讓你專心念書，或者同事幫忙分攤工作等。你需要怎樣的支持，盡量說清楚，這樣你向別人提出要求，才會有更明確的意圖。此外，別人憑什麼要幫你？你實現這個發展前景，對他們有什麼好處？當你想清楚這些問題，向他人求助的時候，你就會更有同理心，對方也更容易接受。對主管來說，你可以為整個團隊帶來新知識和新技能；對職涯導師來說，如果你實現目標了，他會很自豪；至於另一半，大概很在乎你過得幸不幸福、工作和生活有沒有巧妙的搭配。

　　運用下列表格，好好思考一下，你需要誰的支持？他們可以怎麼支持你？為什麼他們要幫忙你？

我的優先發展事項 *範例：平級調動，從行銷部門調到業務部門*		
我需要誰的支持？	**他們該怎麼支持我？**	**為什麼他們要幫忙我？**
範例：主管	*範例：把我介紹給業務部門的同事認識*	*範例：加強跨職務的關係*

我們分享三個行動建議，幫助你爭取必要的支持。

行動建議：把人拉進來

你實現職涯願景時，不必靠一己之力想出所有的答案。如果在原型設計的階段，拉人進來幫你，對方會感覺到自己也參與其中。他們可能會想出你沒想過的點子，或者介紹幫手給你。

行動建議：你的決心，會激發別人的決心

只要你全力以赴，就可以獲得更多支持，為什麼呢？因為一旦你自己先去探索了，從小事開始做起，別人看了就覺得，他是來彌補你知識或專業的不足，而非來幫你做苦力。

行動建議：回應別人的拒絕

有時候，發展不如己意，比方升遷不順利、課程補助沒下文、借調不成、職務重新設計未果等。大家都遇過這種事，例如莎拉提出升遷申請，第一輪也是沒過。

如果發展不順利，不妨問自己三個問題：

自問自答—我從「被拒絕」學到了什麼？

_____

_____

自問自答—我還有什麼方法，可以探索優先發展事項，
讓我覺得有活力和有意義？

_____

_____

自問自答—説到原型設計，誰可以想出我沒想過的辦
法？

_____

_____

　　發展不如意，不一定要更換發展事項，這樣反而花時間，與
其這樣還不如換個發展方式，這部分邀請亞當・摩根（Adam
Morgan）來給大家建議。或者，也可以先暫停某一個優先發展
事項，全心投入另一個發展領域，等到時機成熟了再說。你對職
涯前景的付出，絕不會白費，你花時間培養的能力，一輩子受用
無窮。

向專家取經：亞當・摩根（Adam Morgan），廣告公司
eatbigfish 共同創辦人，著有《美麗的限制》（*A Beautiful
Constraint*）

限制很美麗。不要討厭限制，反而要把限制當成動力，激

勵你去探索新事物，去突破自己——限制並非阻礙，而是
動力。

自我教練的難題：我想在公司爬到更高的職位，可是苦無機
會，看來只有離職一途（可是又不想離職）。我不知道該怎
麼辦，你有什麼建議呢？

專家的答案：每個人在職業生涯中，都有過這種經驗。拚命
追求升遷，到最後卻左右為難，不知該堅持還是轉彎。每當
限制出現，我們的反應有三種：

1. 受害者：既然面臨限制，只好縮小抱負。
2. 中立者：抱負維持不變，只是換個方法。
3. 蛻變者：化限制為動力，退一步思考有哪些潛在的機
   會，搞不好有可能放大抱負，創造更好的結果。

　　上述三種反應，不是代表三種人，而是一個人面對限制
時，可能經歷三個階段，就連最有才能和經驗的問題終結
者，也無可倖免。一開始，每個人都是受害者，後來才領悟
到限制是難免的。大家都有潛力揮別受害者情節，成為蛻變
者，方法有兩個：

頑強調適的心態（Stubbornly adaptive mindset）

　　一個心態頑強，懂得調適的人，擅長化限制為可能性。這種人知道何時該堅持和放手。如果你的優先發展項目是升遷，可能會「暫時升不了」，但絕非「永遠升不了」。挑戰來臨時，你被迫沉潛，這時候，你要自己決定這個目標值不值得等待，甚至進一步思考，如何把「沉潛」變成人生中最美的事（職涯中最美好的安排！）——設法把限制變美麗！

「如果⋯⋯就可以」的句型

　　這是柯林・凱利（Colin Kelly）想出來的方法。當你面臨挑戰，苦思可行的解決方法，千萬不要說「我做不到是因為⋯⋯」，反之應該改口，「如果⋯⋯，我就可以做到」。當你套用「如果⋯⋯就可以」的句型，即使面對限制也可以保持樂觀和開放。「做不到」和「定型」的世界觀，只看到障礙和阻礙（「我做不到是因為⋯⋯」）。相反的，以可能性為基礎的世界觀，尋求各種意想不到的機會（「如果⋯⋯就可以」），創造出乎意料的好處。要不是有限制，說不定還沒有這種好事呢！下面以升遷不順為例：

⇨如果我參加工作體驗計畫，一次向公司內外的高層學習（說不定這些人會成為我的贊助人），我就可以成功。

意外的好處：等到我升遷了，在新的職務，我不僅打好關係也爭取到強大的支持。

⇨如果我繼續待在熟悉的工作，當成我培養領袖力的機會，我就可以升遷。

意外的好處：等到我升遷了，在新的職務，我不僅更有自信和能力，說不定我的壓力也變小了。

⇨如果我主動提出「職涯延伸」的觀念，例如調到客戶或供應商那邊一整年，我就可以升遷。

意外的好處：等到我升遷了，在新的職務，我會更有權威，更了解新工作。

　　「如果……就可以」的句型範例，給大家一種感覺，「沉潛」一段時間，竟然有可能升遷，甚至有機會提升影響力和作用力。只要心態和方法都正確了，你後來進步的幅度，甚至會超過你的期望。祝大家好運！在限制中尋找機會，這不容易做到，要靠後天學習，不是天生就會，但我相信多練習，每個人都學得會。

◆COACH 教練架構

有了 COACH 教練架構，你可以統整第六章到目前為止，你所有的想法和反思，克服你在職涯目前的挑戰。花一點時間統整你的見解，你會更清楚自己的行動，對自己更有信心，獲得必要的支持。平常多練習 COACH 教練架構，未來在職涯或工作面臨挑戰，大多可以克服。

COACH

清晰（Clarity）：你在自我教練的過程中，面對什麼考驗？

選項（Options）：你看到什麼選項呢？

行動（Action）：你會採取什麼行動呢？

自信（Confidence）：你相信自己會完成這些行動嗎？

求助（Help）：為了通過這些考驗，你需要什麼幫助呢？

◆摘要

發展：前進的動力

「我們向前邁進，開啟更多扇門，嘗試更多新事物，因為我們有好奇心……好奇心一直帶領著我們，踏上新的旅途。」 華特・迪士尼（Walt Disney）

為什麼需要自我教練？	自我教練的觀念
主動追求發展，才會有更多的選擇和機會。 把職涯發展掌握在自己手中，對職涯的掌控力變高了，便不會依賴別人。	發展前景：看見不同的發展方向，並探索各種發展途徑。 原型設計：一邊測試，一邊學習，找出你最有動力的職涯前景。

教練工具

你的職涯發展行星

找到優先發展項目	原型設計
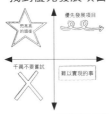	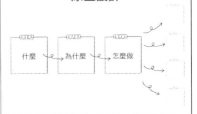

自問自答：

1. 為什麼我想要追求職涯發展？

2. 我可以探索哪些發展的選項？

3. 如何向其他人爭取必要支持？

4. 如何把限制化為優勢？

5. 這星期我可以做什麼事，讓自己開始進步呢？

播客	免費下載
收聽我們「迂迴而上的職涯」（Squiggly Careers）播客節目，第 217 集的嘉賓是作家蘇菲·威廉斯（Sophie Williams）	www.amazingif.com

「行動不一定就會幸福，
但沒有行動，
肯定不會幸福。」

班傑明・迪斯雷利（Benjamin Disraeli），
政治家

「我由衷認為，
每個人都要找到工作的意義。
最好的工作，
不單單只是一份工作，
還會改善別人的生活。」

薩蒂亞・納德拉
（Satya Nadella）

CH.7
使命

如何找到方向感，做有意義的工作

✳ 使命：為什麼需要自我教練？

1. 找到工作的使命，長期下來，人生會更滿足，工作更投入，更有戰鬥力。

2. 迂迴而上的職涯，難免有轉折。找到工作的使命，人才有方向感，有值得追求的目標。

✳ 從工作找到使命

人生有很多領域，都可以找到使命感：關係、嗜好、職涯、健康、信仰。找到人生的使命，身體會更健康，拉長平均壽命[38]。有一份美國研究探討人生的意義，結果發現第一個來源是家庭，其次是工作

> 幸福不是做輕鬆的工作，而是盡其所能，完成艱難任務，然後心滿意足。
>
> ——西奧多·魯賓（Theodore Rubin），精神科醫師

39。對大多數人而言，人生意義絕大部分來自於工作，它會構成我們的個人認同。

丹尼爾・卡布爾（Daniel Cable）著有《工作保有熱情》（*Alive at Work*），他主張找到工作的意義，人生更幸福。研究人員甚至發現，如果你的工作符合你的使命，你會感受到「真幸福」（eudemonic happiness），這就是「把生活過好」，由衷的滿足感。做一份有使命感的工作，你每天辦公的感受也會是正面的。2020 年麥肯錫（Mckinsey）研究顯示，在工作中活出使命的人，比較可能維持和提升戰鬥力，比起沒活出使命的人，工作的投入度是四倍，幸福度是五倍40。

透過自我教練，找到工作的使命，不見得每天會過得輕鬆愉快，但至少你會覺得，一切的辛苦、壓力和讓步都值了。

✳ 方向感

如果你是一個順勢而為的人，看了莎拉行李牌，肯定心有戚戚焉。可是，職涯太重要了，不可以交給運氣。我們的播客節目和著作，訪問過無數鼓舞人的嘉賓，其中有不少人其實沒在做職涯規畫，就連最後的終點，也在意料之外。我們深究之後，發現這些人有一個共通點：內心有方向感，有助於引導職涯的走向。

誰知道我們前往何方？沒有人！但是我希望，等我們到了，一切都好。
——莎拉的行李牌

既然有了方向，就知道要往哪裡走、該做什麼事（以及不做什麼事）。不小心拐錯彎也懂得臨機應變，做對自己有意義的事情。

✳ 什麼是使命？

近年來，無論是個人和組織，使命成為了顯學，可是在我們看來，有些人對使命的定義，根本沒什麼幫助，只是說一些陳腔濫調，例如「做你喜愛的事情」，企業組織也愛說冠冕堂皇的話。然而，使命不是辦公室牆上張貼的小語，也不是閃亮亮的電腦螢幕保護程式。反之，使命猶如北極星，引導你做決策，讓你對自己的目的地更有信心。為什麼要花時間探索使命呢？主要是務實考量，如此一來，你才會做更明智的職涯決策，你每天做的工作才會對你有意義，無論現在和未來，都覺得人生更圓滿。

有意義的職涯，不會只有一種經營方式。
——羅曼·克日納里奇（Roman Krznaric），哲學家

✳ 關於使命的三大法則

所謂的使命，就是對職涯有方向感，做心目中有意義的工作。大家做自我教練之前，謹記三大法則，還有一個提醒。

1. 使命是方向，而非目的地。
2. 使命是抱負，而非答案。
3. 使命是持續進步，而非追求完美。

> 「只有探索，沒到達目的地也無妨；
> 只有追尋，沒找到答案也無妨；為了旅行而旅行，
> 迷失在旅程中也沒關係。」
> 克拉麗莎・塞巴格・蒙蒂菲奧（*Clarissa Sebag-Montefiore*）

使命是方向，而非目的地

所謂的使命，並不會寫在待辦清單，等著你去打勾。你也不可能有一天突然說「我的使命完成了」。使命是你前進的方向，而非你抵達的目的地。

使命是抱負，而非答案

使命是抱負，不會等著你去解答或實現。你現在的狀態，或者你過去的成就，都不應該限制你。

使命是持續進步，而非追求完美

世上並沒有完美的使命，當你的工作經歷改變了，你的自我覺察變好了，發展方向當然會跟著變。你沒必要給自己壓力，非要「恍然大悟」、撥雲見日、一整個靈光乍現，頓時認清自己的使命，真的沒必要！你的使命就是持續進步，但不用追求完美。

> 沒有終點線。
> ——耐吉（NIKE）

一個提醒 ── 使命焦慮

　　研究人員嵐瑞莎・瑞倪（Larissa Rainey）認為，一直追求使命，可能會有「使命焦慮症」，這種焦慮分成兩個階段，一是苦尋使命，二是卯起來活出使命（這兩個主題待會再聊）。這種焦慮的心情，可能是壓力大、擔憂、沮喪或恐懼。依照瑞倪的研究，91%受訪者在一生中，都經歷過使命焦慮[41]。因此，自我教練的過程中，無論是尋找使命或是活出使命，一定要關注自我的感受。如果有焦慮的心情，記住了，這是必經過程，最好給自己放幾天假或找職涯導師聊一聊（第二部分再來提供行動建議）。

✳ 打破思考陷阱，獲得正向激勵

　　打破思考陷阱，注入正向激勵，揪出你想法背後的前提假設，把自我教練風格變得更開放樂觀。

　　　➪*我的使命跟我的公司不合。*

　　　➪*我賺的錢不夠多，沒資格談使命。*

　　　➪*有使命的人，就要做慈善或善事。*

　　　➪*我現在才想到換跑道，做更有使命感的工作，已經太遲了。*

　　　➪*我工作是為了錢，不需要使命感。*

不要再「尋找」使命了！使命不是遺失物。使命就在你的意識中，因此，第一步就是注意觀察，何時是你最愉快、最自在、最輕鬆的時刻。這就是使命的核心所在。

當你跟這些時刻和感受連結，問一問自己，當時我在哪裡呢？我跟誰在一起呢？我在做什麼／說什麼？現在把答案寫下來，找到共通點。多聆聽自己的聲音，多修改你的答案，你就會更確定自己的使命。

娜塔麗・坎伯爾
（Natalie Campbell）

　　現在把思考陷阱轉為正向提問，放下前提假設，進而探索不同的選項和可能性。

　　思考陷阱：我的使命跟我的公司不合。
　　正向提問：我有沒有可能在公司以外（副業、做志工、做慈善）實現使命？

　　思考陷阱：我賺的錢不夠多，沒資格談使命。
　　正向提問：有誰成功兼顧兩者，不僅賺「夠」錢也有使命感？

　　思考陷阱：有使命的人，就要做慈善或善事。
　　正向提問：除了慈善團體或善心人士，還有沒有個人和組織也是對世界有貢獻的？

　　思考陷阱：我現在才想到換跑道，做更有使命感的工作，已經太遲了。
　　正向提問：我可以從哪些小事做起，把工作變得更有意義？

　　思考陷阱：我工作是為了錢，不需要使命感。
　　正向提問：如果除了薪水還多了使命感，對我有什麼好處？

我的思考陷阱

我的正向提問

✳ 如何靠自我教練，提升工作的使命感

　　到了這個部分，我們要務實看待工作的使命，找出最有動力的職涯方向，做更有意義的工作。

　　第一部分的內容如下：

➪如何運用各種心智圖工具，探索自己的使命。
➪如何寫出未實現的使命宣言。

　　第二部分的內容如下：

➪如何運用意義衡量指標，評估你目前這份工作的意義。
➪如何創造最大的工作意義，包括發揮個人強項、找到合
　拍的工作、造福別人。

　　第七章最後的練習，叫做「你創造你自己」，可以統整你所

有的想法。第七章的尾聲，我們有幸邀請到倫敦商學院教授
丹‧卡布爾（Dan Cable），他建議大家尋找使命的時候，不要
追隨自己的熱情，反而要追隨磨腳的水泡。

第一部分：探索使命

✳ 使命的心智圖

　　大部分的人很少花時間，認真思考自己的使命，因此不妨從
這項練習做起。翻到下一頁的心智圖，寫下每個問題的答案。我
們建議這個練習至少做兩遍。如果你剛好有時間，先記錄腦海浮
現的第一個念頭。有一些問題是「大哉問」，恐怕需要更多思考
的時間，才能夠想出好答案。未來幾個星期，把這張心智圖放在
你經常看得到的地方，記錄你臨時冒出來的想法和見解。即使同
一天做兩次，答案也會大不相同！

✳ 使命心智圖

鼓舞？
誰可以鼓舞你？

熱情？
什麼會激發你工作
的熱情？

學習？
你想要學習什麼？

改變？
如果你九十歲了，你希望
自己對世界有什麼貢獻？

你已經完成心智圖，現在來回答問題：

自問自答─思索自己的使命，給我什麼感覺？

自問自答─我看了自己的答案，有什麼發現？

重看你的心智圖，追問自己原因。

自問自答─為什麼對我有意義？

看看自己寫的答案，可能有一些反覆出現的主題，也可能不明所以，淨是一堆隨機拼湊的話語，（還）沒有意義可言。如果在這個階段，你已經陷入苦思，別慌喔！這些都不是簡單的問題。我們提供兩個行動建議，讓你換一個角度思考。

行動建議：消極的使命

與其追問有什麼使命，還不如換一個問法「什麼不是你的使

命？」試試看下面的自問自答：

自問自答—哪些工作項目令我灰心呢？

自問自答—誰惹我生氣？

自問自答—哪些工作項目令我無聊呢？

自問自答—現在快轉到九十歲，如果我看到世界哪裡沒
有改變，會特別失望呢？

　　找出你覺得沒意義的東西，反而有助於澄清思緒，把自己的
使命看得更清楚。現在你知道，哪些不是你的使命，再回頭重做
心智圖練習，說不定會有新的發現喔！

行動建議：猜猜別人的使命

　　暫且不去想自己，先跑到別人的世界看一看吧！這項練習不
只是好玩，也激勵人心，讓你有機會去猜測別人的使命，之後再
回頭思考自己的使命，就會更有靈感。三個步驟如下：

1. 挑出三個激勵你的人，這些人曾對外公布工作內容。
2. 花時間看書、看影片或聽節目，了解他們的工作內容。
3. 想像一下（甚至動筆寫下來），他們的使命心智圖是什麼樣子？

如果你沒有頭緒，參考我們列出的人選吧。

1. 布芮尼‧布朗（Brené Brown），《脆弱的力量》作者
2. 盧英德（Indra Nooyi），百事公司首位亞裔女執行長
3. 傑辛達‧阿德恩（Jacinda Ardern），紐西蘭國會議員
4. 馬庫斯‧拉什福德（Marcus Rashford），足球員
5. 格雷森‧佩里（Grayson Perry），英國當代藝術家

✳ 未實現的使命宣言

現在參考你的心智圖，寫一段未實現的使命宣言。不用寫得很完美，你要寫出好幾個不同的版本，最後再挑選一個最能夠激勵你、最令你難忘的宣言。首先，完成這幾個句子：

我工作是為了

說到我的工作，我覺得最有意義的是

_____

每天睡前我會覺得幸福，因為

_____

如果要發表一則貼文，說明我工作的原因，我會說

_____

我們提供幾個範例，這些是我們舉辦工作坊，學員寫出來的使命宣言：

➪「解決問題，造福大眾。」—羅伯特‧喬治，McColl's 連鎖便利商店的顧客線上部門主管

➪「讓別人變健康。」—凱薩琳‧愛麗絲，Reflections Beauty Therapy 美體沙龍老闆

➪「一次鼓舞一個人，讓對方願意改變。」—多明尼克‧波吉爾，服裝公司 Levi Strauss & Co.學習發展經理

我的宣言

_____

第一部分的內容，在你往後的職涯中，值得來回翻閱閱讀相關的主題。第二部分探討該如何實現使命，做更有意義的工作。

第二部分：實現使命

為了實現使命，你必須串連兩件事：一是你工作的*理由*，二是你整天忙的*事情*。找到人生的方向，卻沒有朝著它邁進，內心可能會沮喪，甚至失去動力。第二部分從三個面向，切入自我教練的課題。

讓你的工作符合你的使命。
——李奧納多‧達文西（Leonardo da Vinci），藝術家

1. 評估你目前這份工作的意義。
2. 在工作中尋找富有意義的時刻。
3. 確認你的使命和公司合不合拍。

✳ 意義評量表

工作不可能絕對有意義，或者絕對沒意義，大家都是落在光譜的任一點，光譜的一端是有意義，另一端是沒意義。現在憑著直覺，評估你目前這份工作是落在哪裡。

你覺得目前的工作多有意義呢？最低 0 分，最高 100 分。

0 分　　　　　　　　　　　　　　　　　　　　　100 分

回答下列問題：

自問自答—說到我目前的工作，哪個層面最有意義呢？

_____

自問自答—說到我目前的工作，哪個層面最沒意義呢？

_____

行動建議：追蹤有意義的時刻

　　上面那個練習，不妨每隔一星期或一個月，趁晚上的時間做一遍，你可以追蹤分數的波動，甚至發現波動的原因。無論分數多寡，你都有進步的空間。下一個練習是為了在目前的工作，極大化富有意義的時刻。

✳ 極大化富有意義的時刻

　　為了達到這個目標，下列有三個相關的自我教練課題：

1. 發揮個人強項，追求使命感（物）。
2. 找到實現使命的工作（空間）。
3. 看見你對別人的影響力（人）。

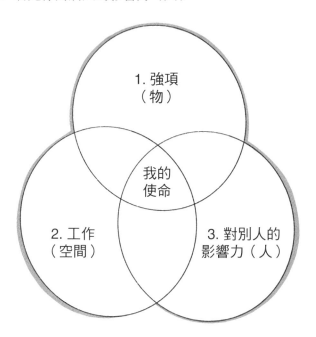

✳ 1. 發揮你的強項，追求使命感

強項是你的長處，也是你擅長做的事，做起來特別有勁，例如傾聽或寫程式，解決問題或寫文案。如果你深知自己的強項，而且有好好發揮進而實現使命，你會有工作的衝勁，找到工作的意義。現在來發掘自己的強項，確認有沒有好好發揮。下面兩個練習，一個是強項聚光燈，另一個是提高頻率。

強項聚光燈

回想過去幾個月，你在職場上，大家有沒有注意到你的強項？想出三個例子，例如你樂在工作，強項特別突出。盡量描述細節，比方你跟誰一起共事？你正在忙什麼工作？你在哪裡工作？

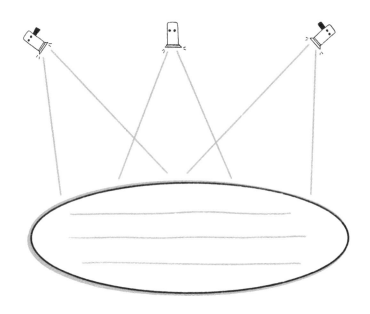

如果暫時找不到自己的強項，不妨先聆聽我們的播客節目，《迂迴而上的職涯》（*Squiggly Careers*）第 27 集（「找到你的強項」）以及第 122 集（「如何凸顯你的強項」）。

提高頻率

填寫下面的表格,認真反思一下,你發揮強項並實現使命的頻率有多高。

串連你的使命和強項	
我正在實現的使命:	
我的三個強項	我發揮強項並實現使命的頻率（每天、每週、每個月、偶爾、從未）
1.	
2.	
3.	

參考你的答案,設法提高頻率。假設你目前只是偶爾發揮強項,那就設法提升頻率,變成每個月一次!如果你的答案是從未,那就把頻率提高到偶爾。下面的行動建議,可以幫助你發揮強項,快速實現使命。

行動建議:找到人生意義導師

這個人必須符合三個條件:理解你的使命,洞悉你的強項,有能力為你發現機會並且連結機會。當你跟自己的使命失聯了,或者不知道接下來該怎麼行動,人生意義導師會引導你展望未來,鼓勵你採取行動。

莎拉跟行銷學校（The Marketing Academy）創辦人希瑞林·夏克爾（Sherilyn Shackell）的關係，就是很棒的例子。當時，莎拉正要探索未實現的使命，也就是幫助別人追求職涯發展，她有一點卻步，不知道從何下手，於是她找到希瑞林，聆聽她的建議，試著向前邁進。希瑞林是一位稱職的人生意義導師，因為她對於莎拉這個人以及她的強項瞭若指掌，而且跟莎拉一樣喜歡幫助別人發展，更何況她有強大的人脈，值得莎拉學習。近年來，希瑞林大方分享寶貴的時間，不吝介紹自己的朋友給莎拉認識，讓莎拉找到更多發揮強項的機會，進而實現使命，提升工作的意義。

如果你也要找人生意義導師，不妨考慮這些人：

⇨清楚你的強項。
⇨理解你的使命。
⇨可以協助你實現使命。

例如你的前主管、你透過社交圈認識的人，或者有在來往的同事。徵詢這些人的想法和意見，找出發揮強項的方法，進而實現使命。如果你不習慣開口求助，翻到第二章〈韌性〉，Change.org 總監卡哈爾·奧德拉（Kajal Odedra）分享關於求助的智慧以及找職涯導師的必要性（第 86 頁）。

✴ 2. 找到實踐使命的工作

你的使命不一定契合公司的使命,就連你自己創立的公司,也可能跟你的使命有出入。然而,唯有讓你前進的方向,盡量貼近公司的目的地,這樣工作的過程中,才有可能拉近你跟使命的距離。

自問五個問題

你跟公司的使命,到底契不契合呢?填寫下面的問卷,看看你自己的答案,就會發現哪裡有缺口。接下來,透過自問自答,想辦法填補缺口。如果你還在猶豫未來要做什麼職務,也可以拿這些題目問自己,如此一來,除了考慮其他條件,你也會想到自己的使命跟公司合不合拍。

什麼工作契合你的使命呢?

問題一:你知道公司的使命嗎?

　　A:不知道

　　B:有一點

　　C:我知道

問題二:你的使命跟公司的契合程度,到底有多高呢?從下面四張圖挑選一張吧。

A：毫無重疊

B：一些重疊

C：中度重疊

D：幾乎合一

問題三：你每天會帶著真實的自己去工作嗎？

A：很少（不到 10%）

B：不太多（10～30%）

C：看情況（30～60%）

D：主要都是真實的我（60～90%）

E：我隨時都是真實的我（90%以上）

問題四：如果公司明天不在了，你有什麼感覺？

A：早就預見了，所以感覺還好。

B：擔心自己和同事，但是並不意外。

C：震驚和傷心—我們對世界有貢獻耶！

D：找類似的新工作，因為這份工作對我有意義。

問題五：如果你有機會擁有這家公司，你會有什麼反應？

A：不了，謝謝。

B：有可能，但是先排除一些疑慮吧。

C：我有一些疑問，但可能會考慮一下。

D：太好了，在哪裡簽名？

把分數加總

A：0分　　B：1分　　C：2分　　D：3分　　E：4分

總分：＿＿＿＿＿＿＿＿

0-4 分：艱難的時刻。 從你的分數看來，你跟公司不太合拍，可能要考慮做一些改變。

> 自問自答—我工作之餘，可以展開或參與什麼活動，讓自己有機會實現使命？（做志工、副業、嗜好、社會運動）

5-8 分：有進步空間。 你跟公司缺乏默契，但有不少進步的機會。

自問自答——我如何認識公司的使命？（我可以開啟什麼有趣的對話？我可以找哪個團隊聊一聊？我可以閱讀什麼東西？）

9-12 分：有進步。 你跟公司合拍，但仍有加強默契的餘地。

自問自答——這家公司裡面，誰可以做我的人生意義導師？（提醒：參考前面的練習）

13 分以上：無懈可擊。 太厲害了！你工作的使命，跟你公司存在的目的，竟然不謀而合。

自問自答——我如何協助其他同事，建立如此深厚的默契呢？（例如我可以協助我的團隊、公司或產業）

✳ 3. 造福別人

助人的快樂

　　幫助別人，其實也是在幫助自己。每次幫忙別人，無論這個忙有多小，都會感受到心理學家所謂的「助人快樂」。這是付出和行善之後，油然而生的快樂，可以

> 付出的時候，你跟對方可以一起受惠，因為付出這件事，可以給你使命感。過著有使命感的人生，你會更幸福。
> ——歌蒂・韓（Goldie Hawn），演員

提振心情，因為做完善事身體會獎勵我們，分泌腦內啡，讓人心情變好。我們工作的時候，有機會助人，造福別人。然而我們偶爾會忽視自己的貢獻，需要刻意回想。再者，助人不等於無私。亞當・格蘭特（Adam Grant）在《給予：華頓商學院最啟發人心的一堂課》說過，最成功的給予者，願意多付出，但絕對不會放棄自身的利益。下面幾個練習，對你有兩個好處：

1. 肯定你自己，知道你今天造福哪些人。
2. 增加自己的貢獻，進而實現使命。

肯定你自己，確認你今天造福哪些人

　　首先，你要看見自己目前的貢獻，予以肯定。

1. 回顧過去一星期，列出你花最多時間相處的五個人（填在下一頁表格）。
2. 針對每個人評估你的貢獻程度，分成低度、中度和高度。
3. 針對每個人列舉你發揮正面影響力的例子。
4. 完成自問自答，找出你貢獻最大和最小的對象。

我目前對別人的貢獻		
我最常相處的人	我目前的貢獻 （高度、中度、低度）	列舉我的貢獻
範例：布萊妮	範例：中度	範例：幫忙她排解疑難雜症／解決這週的突發事件
（1）		
（2）		
（3）		
（4）		
（5）		

自問自答—誰是我貢獻最多的對象？為什麼？

_____

自問自答—誰是我貢獻最少的對象？為什麼？

_____

自問自答—我如何找到機會，提升自己的正面影響力？

_____

行動建議：確認自己的貢獻

這項行動建議可以幫助你從別人的角度出發，來認知自己的正面影響力，你有可能會發現，你比自己想的更有貢獻，或者你原以為自己的貢獻是工作成果，但其實是你的言行（例如傾聽能力）。以你最方便的方式，收集大家的意見。如果你跟對方交情好，不妨考慮非正式的聚會，例如一起喝杯茶，或者傳訊息。如果你期待更有系統的方式，下面有兩個範例。

徵詢你的同事：「*過去這段時間，我們一起做專案，我想知道自己表現怎麼樣。你可以跟我分享一下，我對這項專案最大的貢獻是什麼？*」

徵詢你的主管：「*我想聽聽看你的意見，我對其他團隊成員有什麼貢獻？*」

✴ 串連你的使命和共事夥伴

如何聯合你認識的人，透過目前這份工作，來提升正面影響力呢？最簡單的方法，就是極大化富有意義的時刻。然而，我們之前說過，你跟公司的契合程度，可能影響你追求使命的過程。下一個練習，就是要串連兩個概念：一是你造福的對象，二是實踐使命這件事。

翻到下一頁圖表，我們一起來思考，為了實現未完成的使命，你可以去哪裡付出？你可以跟誰相處？如果不確定自己能夠幫上什麼忙，不要輕言放棄。根據我們的經驗，只要有心付出，自然會找到付出的管道。只要切換到「付出心態」，你就會

相信，自己有辦法造福別人。下列幾個建議，分享跨出第一步的技巧，我們預留幾個空格，讓你填寫自己的點子。

✴ 串連你的使命和共事夥伴

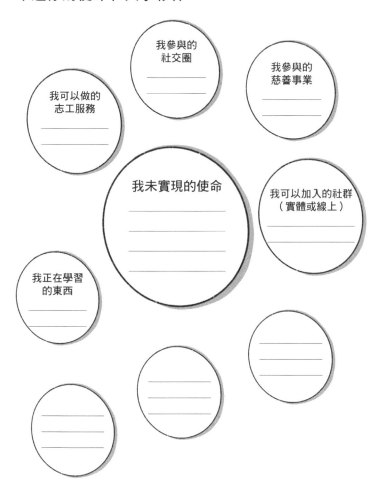

參考你的答案，回答下列問題，確認你的下一步：

自問自答—哪一個圓圈最適合我現在去探索？
_____

自問自答—哪一個圓圈令我最期待？
_____

自問自答—我現在要採取什麼行動？
_____

　　你在第二部分，已經透過自我教練，評估目前這份工作的意義，學會發揮個人強項，追求使命感（物）、找到實踐使命的工作（空間）、看見你對別人的影響力（人），進而極大化富有意義的時刻。接下來是最後的練習——「你創造你自己」，回顧你到目前為止的洞察和行動，一併統整起來。

＊ 你創造你自己

　　最後一項練習是統整你洞察到的一切，包括你有動力發展的方向，對你有意義的工作，這是為了創造你心目中的職務。我們不從公司下手，搜尋徵才的條件，而是從自己下手，發揮個人的強項。「你創造你自己」，寫出你心中期望的工作，看似遙不可及，可是用紙筆許下承諾的力量非常大！做這個練習，你會專心

找機會並且採取行動，一步步實現使命。六個月之內，再回來評估進步的幅度，你可能有意想不到的進步，也可能沒有進步，可是沒關係，這是在提醒你換一個方法。

你創造你自己：_____
（你的名字）

職稱：_____
（現在不存在的職稱也無妨）

我工作是為了_____
（挑一個你未實現的使命）

我以 _____ 聞名
（我的強項）

我時間都用來_____
（描述對你有意義的工作）

激勵我的人事物：_____
（人、地、公司、社交圈）

我最驕傲的是_____
（我做這份工作，希望實現什麼事？）

我的貢獻在於_____
（我造福哪些人）

「縱然你不相信自己是個有『使命感』的人，但還是可以思考一下，你在這個世界上，可以做什麼來造福別人？你可以創造什麼藝術？你如何給人方便？你可以糾正什麼錯誤？如果你做得到，你就應該去做。」

瑪姬・史密斯
（Maggie Smith）

向專家取經：丹．卡布爾（Dan Cable），倫敦商學院教授，著有《工作保有熱情》（*Alive at Work*）

如果想創造有意義的職涯，不要只顧著追隨「熱情」，要找到令你愈挫愈勇的事，但是不容易，這不像有些事，一看就很吸引人，或者做了心情會好。

自我教練的難題： *我想要創造有使命感的職涯，卻發現自己卡關了。我該如何下手？*

專家的答案： 大家都在說，追隨熱情，就可以找到職涯的使命[42]，但大多數人，包括我在內，聽到這個答案都覺得老生常談，不實用。更糟糕的是，如果沒找到夢想的工作，沒活出精彩的人生，聽了這個建議，可能會開始怪罪自己。因此，我不會給陳腔濫調的建議，叫你「追隨內心的喜悅」或者「做自己喜愛的工作」，反之過去 25 年來，我探討工作選擇和職涯成功經驗，結果發現與其追隨熱情，還不如追隨磨腳的水泡。

追隨磨腳的水泡

磨到起水泡，甚至磨破皮，卻依然不退縮。我喜歡這句話，一語道破過程不一定愉快，卻還是堅持到底，奮戰到最後。怎樣的工作令我愈挫愈勇，即使無法立刻功成名就、即

使有漫漫長路要走、即使灰心洩氣，也沒有關係？如果想創造有意義的職涯，不要只顧著追隨「熱情」，要找到令你愈挫愈勇的事，但是不容易，這不像有些事，一看就很吸引人，或者做了心情會好。

有什麼事情，不用寫在待辦事項，你就會自動做完了？

正向心理學之父馬丁・賽里格曼（Martin Seligman）提出這個問題：「什麼是你從小到大喜歡做的事？」你不用刻意寫在待辦事項，就會自動完成的事？比方，別人懶得分析社群媒體貼文，你卻喜歡破解社群行銷的祕訣。別人害怕或逃避做簡報，你卻熬夜做功課，支持自己的論點，甚至站在鏡子前面演練。何不在這些事多放一些心思呢？相反的，有一些事情，你就需要督促和提醒，才有可能順利完成。做這些觀察，可以找出職涯圓滿的契機。

建立專屬於你的「侘寂之美（wabi-sabi）」

「追隨磨腳的水泡」這句話，也隱含最後的結局。你終究會愈挫愈勇，水泡終於痊癒，皮膚長繭了，這是你辛苦實踐的「印記」，是你發展出的特殊能力。你比別人更認真練習，就會長出自己的特質——擦傷後，癒合了，你有自己的獨特性，有一點偏頗。這就是日本人說的「侘寂之美」，這一種美展現出你辛苦創造的個人質地，以及你不對稱的位置。

◆COACH 教練架構

有了 COACH 教練架構，你可以統整第七章到目前為止，你所有的想法和反思，克服你在職涯面對的挑戰。花一點時間統整你的見解，你會更清楚自己的行動，對自我更有信心，找到必要的支持。平常多練習 COACH 教練架構，未來在職涯或工作面臨挑戰，大多可以克服。

COACH

清晰（Clarity）：你在自我教練的過程中，面對什麼考驗？

選項（Options）：你看到什麼選項呢？

行動（Action）：你會採取什麼行動呢？

自信（Confidence）：你相信自己會完成這些行動嗎？

求助（Help）：為了通過這些考驗，你需要什麼幫助呢？

◆摘要

使命：如何找到方向感，做有意義的工作

> 「我衷心認為，每個人都要找到工作的意義。最好的工作，不只是一份工作，還會改善別人的生活。」
>
> 薩蒂亞‧納德拉（Satya Nadella）

為什麼需要自我教練？	**自我教練的觀念**
找到工作的使命，長期下來，人生更滿足，工作更投入，更有戰鬥力。 迂迴而上的職涯，難免有轉折。找到工作的使命，人就有方向感，有值得追求的目標。	未實現的使命宣言：寫出你職涯發展的方向。什麼一直在激勵著你，令你難以忘懷呢？ 意義評估：「立即掌握」你目前這份工作的意義程度。

教練工具

使命心智圖	極大化富有意義的時刻

找到合拍的公司

自問自答：

1. 説到目前這份工作，我覺得什麼事最有意義？

2. 我在目前這份工作，有多少發揮強項的機會？

3. 我在乎的事情，對照公司的發展重點，兩者有多少重疊呢？

4. 我有機會造福其他人嗎？

5. 假設我九十歲了，我希望這個世界有哪些改變？

播客	免費下載
收聽我們「迂迴而上的職涯」（Squiggly Careers）播客節目，第 213 集的嘉賓是組織行為學教授丹・卡布爾（Dan Cable）	www.amazingif.com

「我相信每個人都有活著的道理。
我們是來互相學習的。」

吉蓮・安德森
（Gillian Anderson）

CH.8
來自四面八方的建議

各行各業的建議，激勵你的心

　　第八章是一個現成的職涯社群，我們廣邀傑出人士，特地為這一本書撰寫智慧小語。各行各業的專家們，大方分享他們的職涯建議，每個人絕對會受用無窮。你頓時有很多可以學習對象，包括奧運選手、創意先驅、社會運動人士，還有在疫情期間守護大家的英雄。這些人有一個共通點，他們的工作激勵人心，讓這個世界變得更美好了！我們很樂意收集這些職涯建議，也覺得很榮幸。我們由衷地希望，讀者看了這些建議，也會跟我們一樣深受啟發、備受鼓舞。

留時間給自己

　　「我長年罹患焦慮症，於是踏上探索之旅。我下了很多工夫認識自己，找出焦慮的原因。現在終於明白了，我最需要的就是互相信任的文化、支持網絡、空閒時間。從此以後，我就靠這三件事情，做好自我管理。」

　　　　　　　　　——班・萊文森（Ben Levison），肯辛頓國小校長

你有這個專長，不代表你非要做這件事不可。

「我是在經營科技公司的時候聽到這個建議。當時我不清楚自己還要在科技產業打滾多久，但大家總是對我說：『瑪格麗特，這是妳擅長的事情！』還好有一句話解救了我——妳有這個專長，不代表妳非做不可，妳還是可以找其他你喜歡的事情來做。」

——瑪格麗特‧赫弗南（Margaret Heffernan），
創業家、執行長、作家、演講者

人要力爭上游

「我的祖父逢人就說『人要力爭上游』，他的意思是想法要標新立異。這不算職涯建議，可是我一直謹記在心。我祖父自行創業，而我夠幸運，也是自己開公司。對我而言，力爭上游是不怕逆流而上。這才是真正的力量，勇於發出跟別人不同的聲音，不怕惹惱和挑戰別人。這麼做不容易，可是等你做完了，會打從心底覺得自己完成了大事。」

——瑪莎‧連恩‧福克斯勳爵（Martha LaneFox），
英國商人和慈善家

合作速度快

「『合作速度快』這句話，我經常掛在嘴邊。人沒必要凡事靠自己，靠一己之力，未免太孤立了！但願你有健全的支持網絡進而改變人生，還有，記得要保持好奇心。」

——肯亞‧藍恩勳爵（Kanya King），英國黑人音樂獎創辦人

成為你，成為你自己，但一定要是最好的自己。

——李維・魯斯（Levi Roots），

亞買加裔英國人，雷鬼音樂家、名廚、作家

發揮自己的用處

「有點老生常談，但我沒有開玩笑！這就是發現產業的需要，然後設法解決。有一位王牌經紀人對我說，她在業界不是最聰明，也不是最有魅力的，可是她接到客戶的通知，不到幾分鐘，就個別回應客戶的需求，因為她知道，這就是客戶最在意的事情。她盡量發揮自己的用處，樹立業界新標竿。如果換成其他工作、產業或客戶，不一定這麼直來直往，但我還是認為，職涯發展的關鍵，就是成為最會解決問題的人。」

——柔伊・柯林斯（Zoe Collins），

傑米奧利佛集團（Jamie Oliver Group）內容長

捫心自問，我希望有什麼貢獻？

「不去想你對職涯的期待。反之，大家認真想一想，你希望自己有什麼貢獻？你想要發揮什麼影響力？」

——希瑟・麥格雷戈勳爵（Heather Mcgregor），

愛丁堡商學院的執行院長

學習相信你自己

「這是一項技能。信任自己，需要刻意訓練。大家很容易隨波逐流或者模仿別人，可是信任自己，才是我持續修練的功課，反覆給自己的提醒。我們工作的現場，製作人經常有很多意見，一不小心，就會被別人的想法牽著走，忽略自己真實的感受。人生不是每件事都很急，不妨給自己幾秒鐘，覺察當下的感受，聽聽看直覺想告訴你什麼。」

伊恩・懷特（Ian Wright），
曾經是足球員，目前活躍於電視和電臺節目

我有資格來這裡嗎？

「做每一份工作，我都有認真想過：『我有資格來這裡嗎？』我這麼問，可見我是何等滿足，感慨萬千。我在媒體和時尚產業工作，步調那麼快，大家只顧著向前衝，但我會追問自己：『我有資格來這裡嗎？』我坦承面對自己，我想確定我的職涯是否太躁進。這麼做是為了我自己，也為了身邊的人。我占了別人的位子嗎？我怎麼爬上來的？這是我該坐的位子嗎？每當面臨新挑戰，接下新職務，基本上都必須做這件事。無論做什麼工作，都要對自己完全誠實。如果你的工作剛好是你的興趣，你會投入全部的愛，相信這份工作正好適合『你』。」

——傑米・溫達斯特（Jamie Windust），
《同志時代》（*Gay Times*）雜誌特約編輯，作家、主持人

對於你相信的東西，堅持到底

「任何事都全力以赴就有機會成功了。你會與眾不同。對你相信的東西，堅持到底。結交真誠、特別、美好的朋友，你們彼此的超能力剛好互補。靠自己喜愛的事情維生。對每個人微笑。不要太執著職涯路徑。開會要穿得閃亮亮。聽我的準沒錯：我現正三十七歲，把頭髮染成粉紅色，有帕金森氏症，頸部肌肉已經衰退，雙手一直顫抖，卻活得比以前更開心，更滿足。」

——艾瑪・洛頓（Emma Lawton），
罹患帕金森氏症的教育家、單口喜劇演員、作家

擁抱成功，那也要擁抱失敗

「做錯事學到的東西，一定比較多。擁抱失敗，就是在負責任。」

莎賓娜・科恩哈頓（Sabrina Cohen-Hatton），
西薩塞克斯郡消防和救援服務消防總監

完美的工作難尋；找出你目前最在乎的事

「目前是我人生最成功的階段，因為我追隨自己的心，聆聽
自己的直覺。老實說，完美的工作難尋，何不把你理想的工
作，細分成職位、產業和工作地點？只要符合其中一兩項，
方向大致就對了。除非你在職涯躍進好多次，否則不太可能
一次命中三項。」

——蘿拉・魯多（Laura Rudoe），護膚品牌 Evolve Beauty 創辦人

害怕，才會機警

「抓住機會吧！如果有人邀請你，做一件你從未想
過，但你覺得有趣的事情，那就去做吧！像我
1996 年前進奧運為大家報導山地車越野賽，但我
本來是報導馬術比賽（這個我比較懂），但山地車
剛好會經過馬場……從此以後，我報導過飛鏢、保
齡球、橄欖球、冬季運動，這一切促使我跨越舒適
圈，學會當稱職的播報員。我喜歡有一點害怕的感
覺，這可以提高我的警覺性。居安不思危，反而會
太懶散。我倒寧願抓住機會，把自己推向不同的圈
子。這就是我寫書的動機——寫書最可怕了，我要
創造值得一看，引人入勝的東西，而且在我死後可
以流傳百世（或者回收！）。」

——克萊爾・鮑爾汀（Clare Balding），播報員、記者和作家

找幾個非正式的職涯導師

「大家都想找『正式的』職涯導師，這太難找了啦，也難以維繫關係，像我就偏好非正式的職涯導師（一次可以找好幾個），更棒的是，直接自組『顧問委員會』（『招募』的時候，沒必要這樣稱呼對方喔）。我的顧問委員會在我的生活和工作中，持續激勵我。其中有些人特別年長，大多數人跟我年紀相仿，還有一些人比我更年輕。有些人跟我背景相似，還有一些人跟我截然不同。有些人擅長後勤，建議我各種『作法』，有些人擅長情緒支持（一直陪著我）。不過，我跟這些人有共同的價值觀，而且時間一久，我對他們的付出，並不亞於他們對我的付出。這些關係需要長期的維護和投資。我會關心對方的近況，看有沒有需要幫忙，或者跟社交圈分享這些人的大消息（對方也會這麼做）。向這些人伸出援手，確實有助於專業發展，確認我學到多少東西，讓我在職涯階梯爬得更快。這幾段關係皆始於善因，持續成長茁壯，其中有很多段關係，甚至創造了絕佳的工作機會，帶給我人生啟示。」

——潔西卡・布徹（Jessica Butcher），創業家

挑最難的問題處理

「人生中每一項行動，會養成特定的技能、觀點和經驗，因此你在尋找或創造職涯時，一定要挑最難的問題處理，唯獨你，才有資格處理。」

——祖拜爾・傅朱利亞（Zubair Junjunia），
ZNotes 線上教育平臺創辦人

讓好奇心成為你的嚮導，激發你的勇氣

「我極其尊敬的人，包括一位啟發人心的老師、一位大學助教以及我在外交部認識的睿智外交官，他們總是在提醒我，職涯的決定是『對』或『錯』並不重要，不要想『應該』怎麼做，而是要聆聽自己的『內在聲音』，任由好奇心帶領你。讓好奇心成為你的嚮導，激發你的勇氣。勇於嘗試，就算你不確定是否可行。我就是靠這個方法，展開好幾段精彩的旅程。」

凱絲・畢曉普(Cath Bishop)，
前英國奧運滑槳選手，2004 年奧運獲得銀牌

不要讓別人定義你。

———彼得・達非（Peter Duffy），
金融服務公司 Moneysupermarket 執行長

人生太短，不容妥協

「別人叫你不要做，你聽聽就好。只要你真心想做，總會有
辦法的！如果你覺得適合，那就去做吧！」

———安娜塔西亞・愛考克博士（Anastasia Alcock），兒科急診顧問

慎選另一半

「共度餘生的另一半務必精挑細選，尤其是女性同胞。選錯
另一半，真的會毀了妳、限制妳，我看過太多例子。如果你
不信任自己的時候，另一半還願意支持你、信任你，這就是
你最大的支持。我還看不見自己的潛力時，另一半就看見
了，要不是他，我的事業不可能這麼成功。他並沒有幫我經
營（顯然是我自己包辦），可是他創造許多支持我的機會，
而且是我需要的支持。奉勸年輕女性，慎選另一半，因為妳
這輩子遇到的對象，大多想限制妳的職涯，來發展他自己的
職涯。」

———瑪莉亞・帕夏（Maryam Pasha），
倫敦 TEDxLondonWomen 總監兼策展人，演說教練機構 X-equal 主管

做對的事情，比起把事情做對更重要！

「多虧寬厚的陌生人，我才逃得過大屠殺，所以我很年輕就下定決心，一定要不枉此生。我總是做對的事，而非把事情做對，追求完美。我從二十歲就開始對抗性別歧視，在英國創立最高科技的公司，提供女性職員彈性的工作，以便兼顧家庭。我第一個孩子賈爾斯，也是我唯一的孩子，有嚴重的自閉症，這促使我下半生成為慈善家。我和第一任丈夫，至今仍在一起 ，我在事業上，完全沒有退休的打算。」

史蒂芬妮‧雪莉夫人（Dame Stephanie Shirley），

商人，慈善家

累積知識

「人不要太偏執，要平常心看待改變。如此一來，你就知道什麼事可能發生，為什麼會發生，假如發生了，你又該往哪裡走。」

——威爾・金（Will King），
創業家，英國洗浴公司 King of Shaves 創辦人

你是自己的動力

「想一想，你對職涯有什麼期待？大半的時間都在工作，所以要想清楚，什麼對你很重要，什麼是你的驅動力。對自己要誠實。你的答案可能是位居高位，也可能是跟優秀的團隊共事。這對你有什麼好處呢？為了互相支援、創新或贏……？你工作的動力，可能是為每一位客戶提供卓越的服務。認清你的期待和動力，有助於做正確的選擇，決定什麼可以妥協，什麼不可以。」

——寶拉・法蘭克林博士（Paula Franklin），
保柏醫療保健集團（BUPA）醫療長

多努力一小時，結果大不同

「善用時間；每個人都只有 24 小時。只要從這星期開始，每天多善用一小時，你在每個工作日都會超前其他人。」

——湯姆・查普曼（Tom Chapman），
獅子理髮師聯盟（The Lions Barber Collective）創辦人

區分自我的恐懼和環境的動盪

「自我的恐懼和環境的動盪，一般人難以區分。人們恐懼未知，擔心有什麼事情會發生或不會發生。我一直謹記在心（這是我 25 年來做專業舞者和編舞師的領悟），藝術家懂得面對動盪，擅長適應環境，兼具彈性、堅持和韌性，習慣換個角度看事情，聯想到普通人想不到的事。動盪的時期，就是需要這種心態，尤其是全球疫情大爆發。學會接納疑慮，不一定非要立刻篤定。」

肯尼斯・奧盧穆伊瓦・塔普勳爵（Kenneth Olumuyiwa Tharp），
英國藝術家，曾任英國現代舞發展中心 The Place 執行長

在職涯當變色龍不太妙

「我剛出社會時，曾遭到歧視，只好扭曲我自己，融入『容許』我的工作空間。我學會變色龍的適應力，變換我的膚色迎合周圍的環境，久而久之，我喪失自我認同。我擔任社會公益領袖，逐漸領悟到，我必須培養自我信任，這包括坦坦蕩蕩、負責任、勇於示弱、冒險、發表意見、談論我的失敗、刻意做符合自我價值觀的選擇。我深信，為了活在平衡健全的社會，大家要創造自我復原的機會，首先就是認識自己，練習自我照顧和自我療癒。」

——波比·雅曼（Poppy Jaman），城市心理保健聯盟

頭腦要天馬行空，身體要腳踏實地

「換句話說，試著做大夢、發大願，同時邁出具體的步伐，一步步的向前走。做這些事情，奇蹟就會發生。人生或職涯中，有很多事情是你控制不了的，但你有想像的自由，有能力開啟新計畫，這些力量很強大，記得要善用！」

——班·基因（Ben Keane），
造反書友會（Rebel Book Club）共同創辦人

你的路徑會變

「你做的事情與你的作法，都會在過程中改變。要勇敢一點，相信自己的直覺，對自己的決定有信心。不如己意的話，那就從中學習、適應和前進，讓自己累積更多經驗。」

——譚希·哈克（Tansy Haak），首飾品牌 Kind Jerellery 創辦人兼設計師

你只是沒做過，不是做不到

「每件事都有第一次！勇於迎接新的學習機會，每一年都要活得不一樣，以免年復一年。還有呢？不如意的時候，記住了，你不可能一邊哭，一邊吹口哨，所以要嘟起嘴巴，大聲吹口哨。」

—— 史蒂夫・斯普林（Stevie Spring），
英國協會和 Mind 心理保健慈善組織的主席

喜悅稍縱即逝，唯本真永存

「找到黃金交叉，做你最擅長、有決心又歡喜的事情。剛起步的時候，喜悅的感覺稍縱即逝，持續不久，所以要堅持不懈，安於默默耕耘，忠於自我。」

—— 蘇菲・史萊特（Sophie Slater），
倫敦服飾品牌 Birdsong London 共同創辦人

快去接案子吧！

「2020 年後的職涯，不再是換過幾份工作，再穿插幾段痛苦的失業，反之，你會經手一連串的專案。如果下半輩子可以跟同一個老闆做專案，挺不錯的啊！如果你沒有頂頭上司，靠自己做專案，也很不賴，只是要靠自己創造。你專案的影響力和品質，決定了你的人生曲線。快去接案子吧！」

—— 賽斯・高汀（Seth Godin），作家兼創業家

不要只當運動員——你要退場一段時間了

「我最棒的建議，可以分成兩個部分，但其實很契合。第一，父親告誡我：『不要只當運動員』，他期待我不只投入運動。他期望的是，除了過去和未來的培訓，我還有更多經驗可以跟大家分享。於是我想通了，人生要找到平衡。第二，我參加完第三次奧運，運動員大衛・穆克羅夫特（David Moorcroft）告誡我：『妳要退場一段時間了』，競速輪椅的職涯，其實有很多面向，除了參加英國代表隊，還有個人道路賽。這個提醒很有用，促使我去思考什麼是終點、我接下來想做什麼，只不過，我從 21 歲就開始想了。」

——譚妮・葛雷-湯普森（Tanni Grey-Thompson），
前帕運運動員，英國威爾斯地區的政治人物，電視主持人

腦海中響起「我不夠好」的聲音，不要放在心上，那種話最令人傷心了！

「腦海中響起一些聲音，質疑你不夠好、不夠聰明、不夠有口才、不夠大方或不夠天才，把音量關小一點。那些話最令人傷心了，左耳進右耳出，繼續過你的日子吧！」

魯思・伊貝格布納（Ruth Ibegbuna），
創辦慈善機構 Reclaim 和 The Roots 計畫。

不設定目標，只養成習慣

「你要提防的陰謀只有一個：大家都是臨場發揮，卻假裝自己做好萬全準備。因此，給別人方便吧！簡單來說，就是善待別人，掛著燦爛的微笑，給大家好心情。人放鬆下來，事情就好辦了。別人喜歡你，你的人生就簡單了；反之，別人不尊重你，你人生就難了。有時候我們會逆勢而為，背後毫無信念，不妨退一步想，如果你還是相信自己的觀點，那就奮戰到底。大多數人只是隨波逐流，沒有把事情想清楚，而這就是你的機會。最要不得的，就是為戰而戰。」

—— 賽門·皮特基斯利（Simon Pitkeathley），
社會組織 Camden Town Unlimited 執行長

不要做大夢

「不要做大夢，要適可而止，有抱負是一件好事，人有動力爬上職涯階梯，但眼界卻可能太小，所以更重要的是，針對每一個職涯階段，花一點時間反思。如果只是盲目往上爬，到頭來也是悲哀。說不定事業有成，富可敵國，但仍是悲哀。」

—— 麥特·魯德（Matt Rudd），
《星期日泰晤士報》（*The Sunday Times*）撰稿人兼作家

我們是彼此的夥伴

「從整間辦公室找出最優秀的人，不要想著扳倒他或超越

他，而是想辦法跟他合作。人的強項是互相陪伴，合作比競
爭更吃香。」

——蘇菲・威廉斯（Sophie Williams），

種族平權倡導者、社運人士、作家

找一個可以做自己的地方，有歸屬感的地方

「做你歡喜的事情，例如你深信不疑的事，或者待在你感到
自在的環境和公司。工作跟私生活難以切割……找一個可以
做自己的地方，有歸屬感的地方。」

——凱蒂・范內克-史密斯（Katie Vanneck-Smith），

付費新聞機構 Tortoise Media 的共同創辦人

不要等到老了、有錢了、變聰明了，再來追尋自己的熱情

「人生很美好，很珍貴，充滿機會，但人生也很短暫，千萬
不要等到老了、有錢了、變聰明了，再來追尋自己的熱情。
現在就去找吧！立刻去實現。一定要做你愛的事，這會造福
我們的星球，讓世界變得更美好。」

——保羅・喬因森-希克斯勳爵（Paul Joynson-Hicks），攝影師

不要害怕失敗

「沒有人可以預知未來，盡力而為就好。還有做你熱愛的
事，因為這通常也是你擅長的事！」

——珍妮・哥斯達（Jenny Costa），

餐飲服務 Rubies in the Rubble 創辦人兼執行長

你最需要取悅的人，就是你自己

「信任自己的直覺，勇於放大夢想。一路上可能有很多
人質疑你，但你最需要取悅的人，就是你自己。努力工
作，盡情玩樂，永遠忠於自我。」

巴比塔・夏馬（Babita Sharma），
BBC 電視主播

再吃一餐烤豆吐司又何妨？

「女性有一個通病，明明創業了卻希望一切如常。開公司，尤其是創業，必須做很多付出和犧牲，你不可能在創業之後，繼續過以前的日子。如果女性把事業當副業做，妄想事業和家庭一把抓，未來女企業家想必會比較少。像我就放過自己，再吃一餐烤豆吐司又何妨？暫且把社交生活擺後位，找另一半認真聊一聊，做好家事分工，我也會找自己認真聊一聊，說服我自己，愛工作並沒有錯，沒必要把精力浪費在自責上。男人創業，通常沒這些糾結。」

—— 史蒂芬・道格拉斯（Steph Douglas），
禮品專賣店 Don't Buy Her Flowers 創辦人兼執行長

大膽做夢

「英國文學課至今仍影響著我，有一位愛爾蘭詩人，叫做威廉・巴特勒・葉慈（William Butler Yeats），我節錄他一段詩文：『我把我的夢鋪在你腳下，踩輕一點，因為你踩著我的夢呀。』企業界常說：『別做不可能的事』，但我倒是主張『放手一搏』。你不做，怎麼知道什麼事是可能的？電影《星際大戰》，尤達告誡路克要使用原力時，他說了一句話：『只有做或不做，沒有試這回事。』」

—— 強納森・奧斯汀（Jonathan Austin），
商業諮詢服務公司 Best Companies 創辦人兼執行長

向你討厭的人學習

「我討厭的人和公司文化，可以教我的東西，其實不亞於我欣賞的人或公司。人生經驗會影響你，包括你想成為怎樣的人，你想建立怎樣的職涯。忠於你自己，還有你的價值觀，無論發生什麼事，每一天都要不愧於自己和使命。」

——凱洛琳・拉許（Caroline Rush），英國時裝委員會執行長

即使還沒準備好，也要把握機會

「我太幸運了，我爸媽就是做自己喜愛的工作。我爸是音樂家，我媽是記者。從小爸媽就建議我：『做你開心的事』，我知道這個建議會養出兩種小孩子，還好我夠會激勵自己！我的建議跟爸媽差不多：『做你熱愛的事』。如此一來，你會克服阻礙（阻礙是難免的），你會有努力工作的準備（這是成功關鍵）。如果你還不知道自己的熱情所在，盡量多方嘗試，確定你喜不喜歡，就算還沒準備好，也要把握機會。做你愛的事，找一群會鼓舞你的人，這輩子，你都不會感覺自己在上班。」

——戈爾迪・塞耶斯（Goldie Sayers），
前英國標槍運動員，奧運銅牌得主

社交圈就是你的淨值

「『社交圈就是你的淨值』這句話經常被人引用，說得真好啊！社交圈和人脈確實會改善和定義你的未來，因此你必須做好準備，樂於跟各式各樣的人建立關係，包括線上和實體。我們對『社交業力』深信不疑，跟別人交往要互惠，一來是夠謙卑，勇於向人求助，二來也願意伸出援手，創造雙贏。別小看關係的力量，這是人生、事業或職涯成功的關鍵。」

── 比安卡・米勒-科爾（bianca miller-cole）和拜倫・科爾（Byron Cole），
著有《商業生存工具》（*The Business Survival Kit*）

認清你的價值

「有四個職場金科玉律，我始終放在心上。首先，我強烈反對做 5～10 年的長期職涯計畫，千萬不要用你過去的期望，來評估你未來的成就。你要追求你當下喜愛的事，勇於把握任何新機會。其次，認清你的價值。英國有一些關於金錢的禁忌，讓女性閉口不談薪資差距，但只要你敢拿出來說，就可以打破現狀。第三，如果在某個產業看不到跟你相似的人，千萬不要打退堂鼓，這反而是你的動力，因為那個產業就是缺乏你這種人。快去！最後，失敗是一件好事，失敗是我們的老師，還會給我們暫停、反思和重新評估的機會，確認什麼才適合自己。別害怕失敗，反而要擁抱它。」

── 蘿拉・科里頓（Laura Coryton），
英國社會運動人士，女性主義運動人士，作家

尋找看起來跟你不一樣的人

「職涯快不快樂、成不成功，一切都跟人有關。敞開心，多傾聽，花心力經營人脈，尤其是跟你不一樣的人。找跟你不同觀點、經驗和能力的人，一起建立穩固的關係，等到你需要幫助，就有人可以求助，這還可以拓展你的知識和門路，讓工作變得更有趣、好玩、圓滿。」

——卡里·哈默頓-史托夫（Kali Hamerton-Stove），
造景公司 The Glasshouse 專案經理

使命和熱情最重要

「我們大部分的時間都在工作，所以要認真想清楚，什麼樣的公司文化可以幫助你成功，可以讓你做自己，畢竟做有違自己的事最累人了！找到你工作的使命——真正會激勵你和驅動你的事。對自己做的事有熱情，心會更堅定，當然也就容易成功。」

——克莉絲緹·馬基勳爵（Kirstie Mackey），
英國巴克萊銀行公民消費者事務部總經理

勇於迎接新經驗

「接納新的經驗和挑戰，以及跟你不同觀點和背景的人。找到你關心的課題，努力奮鬥，跟別人合作，進而達成目標。」

——蜜雪兒·米謝爾（Michelle Mitchell），
英國癌症研究基金會（Cancer Research UK）執行長

創造回憶

「職涯的美好，專屬於你，由你來形塑、享受和慶祝。職涯是使命的一部分，也是本我的反射，所以要悉心呵護。盡量在職涯中，填滿幸福、善意、多元、活躍、創意、有益的活動（以及回憶）。」

耶萬德・阿基諾拉勳爵（Yewande Akinola），
特許工程師，電視主持人

遇到分岔路口，跟著最強烈的心跳走

「這有一點老套，但我要奉勸大家，無論處於人生哪個階段遇到分岔路口，一定要跟著最強烈的心跳走，而且要懷抱信心和熱情。人生不同階段，你在乎的驅動力會不同。跟著最強烈的心跳走，絕對會前往你感到自豪、胸有成竹的地方。別妄想一步登天（直達的路徑少之又少），可是你會開啟看似不可能的未知之門，迎接從未想過的前景。我有一位睿智的朋友說，如果下一步不是邁向未知，跨越舒適圈，就稱不上前進。鼓起勇氣吧！人生是留給那些勇敢的人。世上並沒有天時地利人和。機會來了，大門敞開了，就好好把握。就算你還無法通過，沒關係，那就再等幾年。我目前選擇的職涯，也曾經是別人口中的不可能，大家說我只有兩種選擇，一是當出庭律師，二是站在學術最前線鑽研國際發展。於是我辭掉出庭律師，專攻衝突區的國際發展，結果大家說我在自殺，永遠回不去律師那一行。我依然追隨自己的心跳，頭也不回地離開了，在我嶄新的職涯提倡人權，學習新的技能。結果呢？我做出成績，帶著一套寶貴的新技能重返律師界，地位更高了。我走了看似不可能、人煙稀少的路，建立特殊的訴訟服務，一來適合國際發展，二

來對我牛津大學的學術研究有助益。感謝我自己，
無視那些唱反調的人，才會有一門完全契合我的成
功事業——結合出庭訴訟、國際發展、公開演講、
學術研究，甚至還為我的文學愛好預留空間。你可
以做到任何事，隨心所欲去做。不可能，永遠是可
能的。」

——桑吉塔・艾揚格（Sangeetha Iengar），獲獎人權律師

領袖力是一種心態和態度，而非職稱

「任何人只要有心，都可以當領導者。領袖力是一種心態和
態度，而非職稱。如果打從職涯初期，就開始培養領袖力，
而非等到十年後，甚至二十年後，這世界會有什麼不同？會
不會變得更好呢？為了加速培養領袖力，不妨找一個職涯導
師。眼光放高一點，你挑選的導師，必須有你崇拜的行為。
如果你被拒絕了，說一些奉承的話，絕對管用。」

——勒內・卡拉約爾（René Carayol），作家兼新聞播報員

無論線上或線下，都要設定界線，記得設鬧鐘！

「雖然我工作彈性，但是很重視界線。若非辦公時間，我會
直接聲明『不在辦公室』，否則現代人沒做到 24 小時待
命，心裡會有無盡的罪惡感。我甚至會清楚表明，我去『上
廁所』或『忙事情』，把工作場所變得人性化一點，給自己

停機時間，根本沒必要自責。這反而是提高生產力的關鍵啊！另外，我建議設定上班和下班的鬧鐘，清楚隔開工作和生活。無論線上或線下，都要設定界線。」

——安娜・懷特豪澤（Anna Whitehouse），
Mother Pukka 播客頻道創辦人

你手上最大的專案，就是你自己

「你手上最大的專案，就是你自己。把時間留給你有熱情的事情，人生故事才會更精彩。只不過，你要有耐心一點，通常要等幾年，人生才可能徹底蛻變。此外，你要懂得從挫折中記取教訓。我向你保證，那些經驗正等著你去理解，讓你變得更強大。」

——西門・亞歷山大・昂格（Simon Alexander Ong），
職涯教練，商業策略師

放下小事

「大家在業界做事，不會刻意傷人。誰不想展現最佳狀態，在業界生存下來功成名就呢？假設你接到唐突的信、遇到莽撞的人或者有人搶你功勞，不要太在意，否則只是浪費心力。你只要回過頭，把話說清楚。保持開放和坦承，放下小事，專心做你的事，然後做到最好。」

——瑪麗・波爾塔斯（Mary Portas），零售顧問，電視節目主持人

接招合唱團有一句歌詞，「不久這一切會變成別人的夢想」

「我聽人說過，一生中，有人在乎終點，有人在乎旅程。可見人們追求的不外乎兩個，一是最後爬到什麼職位，二是把每個職位發揮到極致。我顯然是後者，這讓我提出絕佳的建議。做任何職務，都要樂在其中，善用每一個學習、建立人脈、達成績效指標的機會，大幅提升成功的機率。就我的經驗，人生中潮起潮落，如果希望工作和生活有進步，不管身在什麼職位，都要追求快樂和成功。人生再怎麼順利，只要工作不快樂，我就知道自己該改變了。我永遠記得接招合唱團的歌〈再見接招〉（Never Forget），其中有一句歌詞是這麼唱的：『不久這一切會變成別人的夢想。』這點醒了我，我們在每一項職務的優勢，只會持續一段時間，一定要盡量提攜後進，讓他們也實現夢想。」

克萊兒·克勞夫（Clare Clough），
零售業者 Pret A Manger 常務董事

沒必要知道每一個答案，也沒必要假裝我知道

「我最寶貴的學習經驗，就是沒必要知道每一個答案，也沒必要假裝我知道。求助是我學過最棒的能力……沒有人可以靠自己的力量，解決複雜的問題。團結力量大，一個人沒什麼用處。當你主動求助，就等於給大家、朋友和同事服務的機會。這是最棒的禮物！」

——賽門・西奈克（Simon Sinek），作家

施展抱負必然是痛苦的

「每個月，一定要痛幾回，否則就別想突破自我。人只有面對沒做過的事情，沒遇過的環境，不熟悉的情況，由衷感到痛苦的時候，才有學習的機會。這一切令你痛苦，卻會讓你學習和成長。如果你想要施展抱負，不妨讓自己痛苦。如果沒有痛苦的感覺，就是對自己太好了。」

——雪莉・阿爾尚博（Shellye Archambeau），顧問，作家，
美國前五百大企業董事，前解決方案供應商 MetricStream 執行長

不開口，就沒有機會

「不開口，就沒有機會——我在廣告業打滾，覺得這句話超
有道理的！你要主動尋找合作機會，聯繫別人，你還要鼓起
勇氣，跨越舒適圈。」

——尼蘭‧維諾德（Niran Vinod），
DEFT 創意諮詢機構的共同創辦人兼創意總監

每個人都曾經是新手

「不要怕提問或求助，每個人在職涯中都曾經是新手。你可
能會感到痛苦，但這是必要的，人不只是把工作做好，還要
追求個人和事業的成長。」

——法蘭西斯卡‧詹姆斯（Francesca James），
大英帝國創業家獎創辦人

唯有實際做過，才知道自己喜歡什麼

「我強烈建議大家，一定要累積工作經驗。實戰經驗很重
要，你才會知道自己喜歡什麼，不喜歡什麼。此外，你結識
的門路和人脈，也攸關未來的職涯。」

——莎拉‧斯特克（Sarah Stirk），天空體育臺主持人

球場蓋好了，球迷就會來。就算別人不看好，我們仍要對自己以及自己的作品有信心！

「我的職涯建議是從電影《夢幻成真》（*Field of Dreams*）偷來的。有一句經典臺詞：『球場蓋好了，球迷就會來』。我是一位自由作家，迎接無數誘人的機會，可是我卻發現，我失去了方向感；我把握每一次機會，卻沒有走在正確的道路上，於是我領悟到：我必須打掉重練，從無到有創造我期待的工作。我創辦了訪談式的播客節目《預定好了》（*You're Booked*），出版了幾本書，包括《如何當大人》（*How to be a Grown Up*）、《姐妹》（*The Sisterhood*），還有我的第一本小說《貪得無厭》（*Insatiable*）。我寫《貪得無厭》的時候，陷入天人交戰，每次坐下來寫作，腦中就傳來一陣聲音：『妳在浪費時間啦！寫小說又不是妳的強項，如果找不到人出版怎麼辦？』我對自己的作品沒信心。不過，我想起以前也遇過類似的經驗，信心就回來了。『書寫好了，書迷就會來』。如果建築物沒蓋好，地基沒打好，誰還會去看球呢？就算別人不看好，我們仍要對自己以及自己的作品有信心！」

黛西・布坎南（Daisy Buchanan），
作家，播客頻道主持人

大膽說出你追求的目標，直到你看見為止

「經歷職涯動盪的時候，是這句話幫助了我。當時我的心跟頭腦不同步，拿不定主意，剛好看到這句話，思慮頓時清晰，總算有信心說出我的期望和想法。愈是勇敢說出口，愈可能實現。要不是遇見這句話，我也不會有現在的成就。」

海倫・塔柏（Helen Tupper），
優職（Amazing If）執行長兼共同創辦人

事情重複做，成就偉大的我。卓越不是行為，而是習慣。

「剛踏入社會工作時，我擔心自己不夠聰明，拿自己跟『更聰明』的人比較，後來我不管『聰不聰明』，只管我工作努不努力、付出多少心力、用不用心。果然，我對職涯的掌控力變高了，相信我會有更大的成就，也更勇敢。」

莎拉・艾莉絲（Sarah Ellis），
優職共同創辦人

CH. 9
是終點，也是起點

最後一章不是「結論」，這是有原因的。職涯是大家正在經歷的過程，永遠沒有學習「完畢」的一天。這本書所有的主題，都值得重複練習和精進。讀完〈自信〉、〈關係〉或〈韌性〉這些章節，不可能就萬事具足了。我們希望

學會認識自己。
——納爾遜·曼德拉
（Nelson Mandela），
前南非總統

你運用這些工具、技巧和觀念，甚至做一些客製化。我們最期待聽到的消息，莫過於讀者或聽眾把我們分享的觀念，經過個人改造，變得更適合自己使用。書中所有的內容，你都可以盡情嘗試，做實驗，打造屬於你自己的工具組，一路陪著你走過迂迴而上的職涯。

把心力放在「可控制」的事情上：你自己

職業生涯中，有太多難以預測或控制的事情，有太多無法回答的大哉問，例如未來有哪些工作會繼續存在？未來五年該學習什麼技能？更何況還有小事要煩心，例如顧慮主管今天上班的心

情、每星期調整優先處理事項。工作占用大量的時間和精力，如果再去想一些無法控制的事情，豈不是太累了？而且又吃力不討好。記住了，*把心力放在「可控制」的事情上：你自己！*

我們把心力放在……

⇨從人生困頓的大小時刻，再度爬起來，學到人生經驗。
⇨善用工作時間。
⇨建立自我信念，進而探索潛能，走出逆境。
⇨投資為你職涯加分的人。
⇨創造有趣的機會，在職涯有所成長。
⇨實現激勵人心和有意義的使命。

分享知識，造福大眾

在迂迴而上的職涯，每個人都有成功的空間。分享你的知識，不僅有助於別人成功，你也會學到更多。成功沒有「祕密」；大家都有自己的觀念和知識可以分享，並且從彼此的經驗學習。大方分享的人，事情會做得更好。莎拉的兒子麥克斯經常提醒她（通常是他想吃巧克力的時候）：「分享就是關愛」。

謝辭

第一本書《職場天賦》出版就大賣，我們不免擔心，會有「新作難產」的魔咒。疫情發生後，沒想到有一年多的時間，我們見不到幾次面，公司的發展方向也需要重整。我們終於認真思考第二本書！先暫停手邊的計畫，構思這本新

> 讓適合的人上車，坐在適合的位子上。
> ——詹姆‧柯林斯
> （Jim Collins）

書，想到就令人興奮，經過無數次視訊通話，深覺這件事不只是有趣而已！我們寫下去的動力，是看到疫情衝擊每個人的職涯，加速了原本的職涯趨勢，職涯輔導比以前更迫切需要。因此，我們挽起衣袖，鼓起勇氣，寫下去……

作家兼領袖力專家詹姆‧柯林斯（Jim Collins）說過一句話：「讓適合的人上車」，在這本書中展露無遺。你就是適合的人，所以你才會閱讀這本書，搭乘我們充滿智慧的巴士：

多虧親朋好友，我們才有餘裕寫作，有抒發的管道。截稿日快到的時候，大家還貼心「借走」我們的小孩。

當我們擔心「自己寫不好」，企鵝出版集團的兩位編輯，西

利亞和琳蒂亞，願意給我們多一點時間，認真讀過每個字、做完每一項練習，確保我們書寫的內容對讀者有用。

我們剛出版第一本書，薩拉就加入我們，幫了幾星期的忙，真慶幸她沒有中途下車，仍繼續擔任團隊經理，謝天謝地！薩拉鼓勵我們持續前進和進步，要不是她，我們碰到疫情，恐怕會開到路邊暫停。

我們感謝彼此，搭上同班車，從好朋友變成絕佳的商業夥伴，實屬難得！我們是特例，何其幸運。

最後重返起點，感謝所有的讀者和聽眾，買「車票」一起上車，由衷感謝各位的信任和支持。

我們期望透過這本書，帶給大家全新的職涯方針，打造志同道合的學習社群，讓彼此互相支持和連結。我們不知道巴士會開到哪裡去，只知道前方路標一直寫著：「每個人的職涯都將變得更美好」。

　　謝謝你

Jack　*Helen*　莎拉和海倫敬上

參考資料

1. https://hbr.org/2009/01/what-can-coaches-do-for-you
2. https://positivepsychology.com/daily-affirmations/
3. https://hbr.org/2018/01/what-self-awareness-really-is-and-how-to-cultivate-it
4. https://hbr.org/2016/07/what-great-listeners-actually-do
5. https://hbr.org/1957/09/listening-to-people
6. https://hbr.org/2020/06/a-plan-for-managing-constant-interruptions-at-work
7. https://hbr.org/2016/06/resilience-is-about-how-you-recharge-not-how-you-endure
8. https://hbr.org/2019/12/what-happens-when-your-career-becomes-your-whole-identity
9. www.bbc.com/worklife/article/20200821-the-strategy-that-turns-daydreams-into-reality
10. https://academic.oup.com/jcr/article/44/1/118/2736404
11. www.bbc.com/worklife/article/20191202-how-time-scarcity-makes-us-focus-on-low-value-tasks
12. www.healthline.com/health/mental-health/burnout-definition-world-health-organization

13. www.gallup.com/workplace/237059/employee-burnout-part-main-causes.aspx

14. https://hbr.org/2015/05/millennials-say-theyll-relocate-for-work-life-flexibility

15. https://hbr.org/2019/07/why-you-should-stop-trying-to-be-happy-at-work

16. https://expandedramblings.com/index.php/email-statistics/

17. https://hbr.org/2017/07/stop-the-meeting-madness

18. https://research.udemy.com/wp-content/uploads/2018/03/FINAL-Udemy-2018-Workplace-Distraction-Report.pdf

19. https://hbr.org/1999/11/management-time-whos-got-the-monkey

20. www.telegraph.co.uk/finance/jobs/11691728/Employees-waste-759-hours-each-year-due-to-workplace-distractions.html

21. www.webfx.com/blog/internet/music-productivity-infographic/

22. https://hbr.org/2013/11/emotional-agility

23. www.psychologytoday.com/gb/blog/finding-purpose/201810/what-actually-is-belief-and-why-is-it-so-hard-change

24. https://hbr.org/2012/09/to-succeed-forget-self-esteem.html

25. https://hbr.org/2018/09/give-yourself-a-break-the-power-of-self-compassion

26. www.jstor.org/stable/40063169?seq=1

27. https://hbr.org/2019/05/the-little-things-that-affect-our-work-relationships

28. https://journals.sagepub.com/doi/abs/10.1177/0146167208328062

29. www.cse.wustl.edu/~m.neumann/fl2017/cse316/materials/

strength_of_weak_ties.pdf

30. https://herminiaibarra.com/reinventing-your-career-in-the-time-of-coronavirus/

31. https://greatergood.berkeley.edu/article/item/how_grateful_are_americans

32. www.gallup.com/workplace/236570/employees-lot-managers.aspx

33. https://fortune.com/2015/04/02/quit-reasons/

34. https://hbr.org/2018/01/why-we-should-be-disagreeing-more-at-work

35. https://hbr.org/2018/09/what-to-do-if-theres-no-clear-career-path-for-you-at-your-company

36. www.psychologytoday.com/gb/articles/201711/the-comparison-trap

37. https://hbr.org/1993/09/why-incentive-plans-cannot-work

38. www.bbc.co.uk/news/health-27393057

39. www.pewforum.org/2018/11/20/where-americans-find-meaning-in-life/

40. www.mckinsey.com/business-functions/organization/our-insights/covid-19-and-the-employee-experience-how-leaders-can-seize-the-moment

41. www.researchgate.net/publication/304087988_The_Search_for_Purpose_in_Life_An_Exploration_of_Purpose_the_Search_Process_and_Purpose_Anxiety

42. https://hbr.org/2020/11/what-you-should-follow-instead-of-your-passion

國家圖書館出版品預行編目(CIP)資料

衝吧!突破薪水天花板：熱門職涯導師教你順利升遷、待遇升級的自我進化指南/海倫.塔柏(Helen Tupper), 莎拉.艾莉絲(Sarah Ellis)著；謝明珊譯. -- 初版. -- 新北市：大樹林出版社, 2023.08
　面；　公分. -- (心裡話；18)
譯自：You coach you : how to overcome challenges and take control of your career
ISBN 978-626-97562-0-9(平裝)

1.CST: 職場成功法

494.35　　　　　　　　　　　　　　　112010671

心裡話 18

衝吧！突破薪水天花板
熱門職涯導師教你順利升遷、待遇升級的自我進化指南
You Coach You: How to Overcome Challenges at Work and Take Control of Your Career

作　　者／海倫‧塔柏（Helen Tupper）／莎拉‧艾莉絲（Sarah Ellis）
譯　　者／謝明珊
總 編 輯／彭文富
主　　編／黃懿慧
內文排版／菩薩蠻
封面設計／木木 Lin
校　　對／賴妤榛、李麗雯、楊心怡
出 版 者／大樹林出版社
營業地址／23357 新北市中和區中山路 2 段 530 號 6 樓之 1
通訊地址／23586 新北市中和區中正路 872 號 6 樓之 2
電　　話／(02) 2222-7270 傳真／(02) 2222-1270
E－mail／notime.chung@msa.hinet.net
官　　網／www.gwclass.com
Facebook／www.facebook.com/bigtreebook
發 行 人／彭文富
劃撥帳號／18746459　戶名／大樹林出版社
總 經 銷／知遠文化事業有限公司
地　　址／222 深坑區北深路三段 155 巷 25 號 5 樓
電　　話／02-2664-8800　傳真／02-2664-8801
初　　版／2023 年 08 月

大樹林YouTube頻道　　大樹林芳療諮詢站

定價／380 元　港幣：127 元　ISBN／978-626-97562-0-9